U0035206

大師FOCUS 03

FINANCE IS A TRUE LIE

財務

是個真實的 謊言

◎鍾文慶（VOLVO建築設備國際業務發展副總裁）

「我以前喜歡看張五常的經濟書，因為他寫得通俗易懂，不像有的經濟書總喜歡引用一些晦澀的公式。鍾文慶的書深入淺出，用最簡單的語言講明了不少財務知識。」

漢森諮詢合夥人　王煒

「作者稱這是一本財務入門級的書，可是我覺得這是一本融合了作者的智慧和思考的人生小冊子，尤其是對那些財務經理人或希望成為財務經理人的讀者。我前後讀了兩遍，間隔約有兩年，均有不同的感悟，就像那本「飄」(gone with the wind)。20歲時把它當做言情小說，30歲時看到了其中的勵志，相信從這本書中你也能讀懂作者帶給你的數字之外的東西。」

VOLVO建築設備中國有限公司財務總監　Cathy Han

「從法律的角度而言真實有邊界，謊言也有邊界。文慶書中所闡釋的真實、謊言正是以智慧而旁觀的視角審視專業的邊界。文如其人，讓我們在枯燥的生活中總能有笑。」

中倫金通律師事務所合夥人　　孔偉

「時值金融危機爆發，匯率、大宗商品價格、資本品價格乃至企業需求均出現劇烈變化。企業經營環境動盪之烈或尚方其殷，經濟復甦之路亦漫漫其修遠。時代已經賦予財務工作者以更大的責任和更廣闊的空間。財務工作也將不再是－－或許本來就不是－－一堆堆「枯燥」數字的堆積和單純的資金管理遊戲，必將在日益動盪的金融經濟環境中承擔更大的戰略任務。而這正是我們打開通向鮮活財務世界的一扇窗口。」

上海麒德投資顧問有限公司執行董事　　魯藝

「教人學財務並不難，難的是讓人學著並且快樂著。毫無疑問，這本書做到這一點。」

北京國際商業管理集團副總裁　　曾令同

「做財務的，有惑有掙扎，甚至有轉行的衝動，但鍾文慶的財務世界卻是感悟的、有趣的，同時宏大又深邃。打開心胸，去思考，伸展雙臂，與智慧和激情結伴。」

百安居中國區財務經理　　田莉

「書中運用了大量簡單而又藝術的言語詮釋了那些令人晦澀難懂的財務術語和財務現象，用各類發生在我們身邊的實例解讀了財務對一個企業，對我們的日常工作、生活甚至對人生的重要影響和意義。無論你是財務人員還是非財務人員，你都要具備這樣一種人生態度：『主動是人生的一種態度，它讓你遇到變化時提早一步做準備，能使你有機會掌握自己的命運，主動引領變革。』」

上海蘭林公關諮詢有限公司總經理　曹海莉

「『人人皆可財務』，只要有更多的人能夠了解財務的真相。品味財務的深邃與趣味，哪怕只有一點點，都會讓人喜出望外。」

CIMA英國皇家特許管理會計師公會中國總裁　李穎

「看鍾文慶的書很難將他同一般人眼裡的財務專業人員聯繫起來，而更像是一個從事文學或藝術領域的人描述著另外一個真實而又虛擬的世界。正如他所說的，財務是無疆界的，超越了，智慧便從字裡行間湧出來。」

上海建纜電氣有限公司財務總監　梁暉

鍾文慶

2003年，我第一次到台灣，那時還要繞道香港，管理成本被人為地增加。我當時在美國EDS公司工作，擔任大中華區的財務總監，負責兩岸三地的財務部。我的台灣之行的主要任務是招聘台灣公司的財務經理，包括幾個中層財務幹部，這讓我有機會跟一些當地的財務人員有面對面深談的機會。我所接觸台灣的財務經理人教育背景都很好，多半是留學歐美，在學校裡有全A的成績單，CPA、CFA之類的證書也拿了好幾個，職業道德和專業精神也都可圈可點，所

以在財務專業方面的溝通非常通暢。對於一個美國公司來說，這些候選人都是理想的僱員，因此，面試的工作進展得非常順利，本來計畫三天的工作我兩天就做完了，給自己留下了一天去逛忠孝東路，還有誠品書店。

不過，後來，有一個問題我沒有料到，就是這些年輕的財務管理人員對台灣市場和實際業務不熟悉，而且多數也沒有興趣去瞭解客戶，往往把自己束縛在財務報表的數字堆裡，坐在辦公室裡報表可以做的很規範很漂亮，但是很難對業務有大的幫助，以至於台灣的總經理覺得這些人「好而無用」。這讓我更堅定了後來的一條信念，即財務應該是商業的財務，而不僅是財務的財務。

對我來說，財務管理的魅力在於它活潑的生命力和實用性。一家私營企業的總經理邀請我檢查他自創的財務報表，所有的花銷（費用和購貨成本）是按照實際發生的收付實現制(即流水帳)編制的，而毛利潤的計算，即進貨銷售庫存是按照權責發生制編製的。從專業的財務準則來說，這種報表肯定不對，是一份粗陋的假帳。但是，這位優秀的企業家說：「我從創業的第一天起就是靠這樣的報表管理我的企業的。我能看到我每月能賺多少錢，也能看到我每月花了多少錢。你們按照會計準則編的財務報表是給稅務人員看到，我是看不懂的。」言下之意，那些專業的報表反倒是假帳，至少對於他的企業管理沒有多大價值。

對於一個新成立貿易類的企業，現金流代表了一切，利潤倒是其次。這與課本上教授的財務管理原則和理論是不同的。在實際生

活中，不同規模不同階段不同行業的企業，財務管理的辦法也是不一樣的。比如一個製造業的企業，固定資產的投入和報酬更重要些。一個跨國公司的子公司，資產負債的結構和利潤表顯得非常重要，而現金流倒是其次。

　　無論對專業的財務人員還是非財務專業的管理人員，我們都經常面臨這樣一個挑戰：如何讓財務更有效，如何讓財務數字活起來，如何把那些枯燥的財務理論應用到鮮活的實踐中去。而要做到這一點，我的經驗是要透徹地瞭解財務的基本概念，要理解數字背後的意義，要具備一個開放的心態，還有要具備能夠分清真假的財務智慧。

　　我非常希望能夠有機會與人分享我這十幾年在各類企業積累的財務管理經驗，於是，就有了《財務是個真實的謊言》這本書。2009年在大陸出版以來，我收到很多讀者的電子郵件，其中一半是企業裡非財務專業背景的管理人員，因為這本書激發了他們對於財務的極大興趣。我也希望，這本書能夠對台灣的讀者在財務理念上有所幫助。

　　借此，非常感謝北京華章和恆兆文化的編輯們的辛勤工作。至今，我腦海裡還時常浮現出2003年的深更半夜坐在臺北那家書店裡的溫馨場景，我期待這本書也能同樣帶給台灣讀者一些閱讀的享受。

　　我曾經一直覺得自己是個誠實的人。我所接受的職業訓練永遠把誠信放在第一位。

　　在公司裡，像我這樣的財務人員扮演的總是道德楷模的守門人角色，是政府各項法律法規和企業各種規章制度的執行表率和監督者，像史瓦辛格在影片中拯救地球一樣，是所有不合常理行為的終結者。循規蹈矩在財務人員的血液裡流淌，不要冒險，不能出軌，政策流程高於一切。在本質上，報表的虛假與財務職業的訓練水火不相容。

　　然而，為什麼財務人員的頭上永遠漂浮著片做假的黑色雨雲，做假帳像是被下了咒語的宿命？最有名的例子是－－

　　「1＋1等於幾？」

　　財務回答：「你想讓它等於幾？」

發生交通事故時，一般會想到的自然是開車人的責任。但是，如果在同一地點接連發生多起事故，我們就必須考慮一下這段路的路況以及交通規則。如果所有財務人員都阻止不了假帳流行，我猜想唯一可能並且合乎情理的解釋就是：財務本身可能就是虛假的。財務報表從本質上說是「真實的謊言」。

我在跨國公司裡做了十幾年的財務管理工作，幾乎涉及企業財務的各個方面。在一個專業領域裡浸潤久了，就像西方人說的：你做什麼你就是什麼樣的人（You are what you do.）。跟許多專業的財務經理人一樣，我的生活環境就是由各種各樣的財務報表組成的。在這個世界裡，凡事都與財務有關，人類的所有關係都體現在借貸之間，現實就像是一張碩大無朋的資產負債表。

就像走進電影院，在一百分鐘裡，你真實的生活實際上已經被放棄了，代替的是銀幕上的生活，它是虛擬的，是別人的，同時，又是真實的，是你生活不可分割的一部分。在很多情況下，它還要影響甚至左右你的現實生活。

走出電影院，我常常會為這種虛擬與真實之間的錯亂感到困惑。財務也是如此。當整個社會對財務報表的真實性持懷疑態度的時候，我的內心突然產生了動搖，我開始懷疑一些最基本的東西。

很多奉為真理的概念原則都似乎不再真實可信。為什麼財務報告總被認為是虛假的？為什麼企業財務的各種醜聞總是層出不窮？財務管理的科學性與藝術性之間真的存在臨界點嗎？如果存在，這臨界點又隱藏在何處？甚至當我試圖追溯到財務的本源時也不時迷失方

向，我甚至懷疑財務存在的意義，或者說我自己存在的意義。這個世界真的需要財務嗎？據說中國有兩千萬的財務從業人員，這些財務人員的價值到底在哪裡？我們沒有走在一條錯誤的道路上嗎？這條路最終會通向何處？

曾經有一段時間，我經常去新加坡，那兒很乾淨，是個到處充滿罰款威脅的城市。新加坡培養出了很多兢兢業業做財務的人。我在新加坡河邊上的一家銀行大廳裡看到一尊銅像，叫《牛頓》，是達利的作品。牛頓的手中牽著一隻實心的蘋果，感覺沉甸甸的，而他的頭部和心臟都被雕刻成空洞，達利的意思是說只有你把自己的心胸打開，頭腦解放了才有可能發現真理。

我似乎豁然開朗。財務數字的真真假假，看似自相矛盾的很多關係，其實都有合理的解釋。就像如果你瞭解銀幕之後的故事，電影神奇的光環自然會消退。財務是個真實的謊言，只有當你瞭解謊言是怎樣形成時，謊言就不再是謊言了。

為此，我試圖用自己十幾年的工作感悟來澄清這些困惑。我用電影故事搭建了一座財務的影院，這是我的前一本書《我的財智影院》的緣由。那本書是在我頻繁出差途中完成的，我希望書的內容更多的可讀性，以至於書出版後，有朋友說她只顧看著裡面的電影故事了。

2007年的聖誕夜，由於公司業務的需要，我決定轉去VOLVO國際區負責市場和銷售。所謂國際區，是除了中國和東南亞以外的所有發展中國家，共有一百多個。我的生活再次被拋到一萬米的高空中，

在各個國家的機場之間穿梭。

　　我整天與不同國家和不同文化背景的代理商打交道，這些代理商是典型的企業家，有大的有小的。我本以為自己離開了財務的虛擬的世界，結果發現，我們處理更多正是有關財務的問題。這些問題的形式雖然不全是財務報表裡的數字，但是實質上都是財務的理念和財務的智慧。

　　比如在伊朗。自從伊斯蘭革命以後，伊朗被美國禁運了很久，以至於當地人會堅持認為可口可樂是伊朗製造的飲料。德黑蘭的汽車配件市場實際上是幾條街道。在那兒，店鋪一家挨一家。你每進一家，都會被邀請一起喝茶，玻璃盞裡的紅茶，放很多的方糖，還有蜜棗，在風沙肆虐的地區據說可以防結石，這是波斯人的生活習慣。在這幾條街道上，你能看到世界上所有品牌車輛的配件。如果你想瞭解市場份額，產品價格，利潤率，庫存周轉，投資報酬，還有品牌的價值，以及準備下年度的預算，只要你花半天時間在那幾條街道上走一圈，答案全有了。閉上眼睛，財務數字從眼前的每一家店鋪中走了出來，真實地活生生地跳躍在你的面前。

　　因此，當機械工業出版社的朋友建議我修訂前一本書重新出版，我欣然同意。借此機會，我把全書做了一些修改，刪去了過多的電影故事，特別是那些很多人沒看過晦澀的藝術電影，同時，增加了一些實際的商業案例。

　　這自然不是一本財務知識的教科書，我也不是專業的財務課老師，我總覺得只有當學生準備好了，真正的老師才會出現。這只是一

本試圖通過財務思考探求財務智慧的書。也許這種智慧壓根找不到，但是我想，追尋智慧的過程本身也算是一種智慧。

這本書也許不能讓你學習更多有關「術」的專業知識或技巧，但是能夠使你領悟更有意義的財務意識和財務智慧，悟到財務之「道」，而道是沒有疆界的。

因此，這本書的讀者可以是專業的財務人員， 也可以是願意把自己心胸打開的非財務人員。書中每一章節的內容互相關聯，但是為了閱讀方便，又相對獨立，你可以從任一章節拿起，也可以在任一章節放下。

鍾文慶

目錄

Chapter *01*
Finance is a true lie

財務是個真實的謊言

Chapter *02*
Misunderstanding of Asset

資產的誤解

Chapter 03
Speech of Liability
負債者言

Chapter 04
Owner's Equity
所有者權益

Chapter 05
Realization of Revenue
收入的實現

Chapter *01* 財務是個真實的
謊言

為什麼財務報表總被認為是假的？

利潤真的存在嗎？

財務真是現實中「真實的謊言」嗎？

如何識別虛假的財務訊息。

後海是北京的一處名勝景地，我曾經在那裡流連過一段時間。後海周邊生活著一些歷經世事、飽經滄桑的老人。有一天，一個年輕人問一位老剃頭師傅：「大爺，您說，幸福是什麼？」老人答：「想通了，就是幸福；想不通，就是不幸福。」

英文裡有兩個短語，一個叫「think over」，是「苦想」、「反覆地想」；另一個叫「think through」，是「想穿」、「想透」、「想通」的意思。只是反覆地想，在表象堆裡徘徊，帶來的往往會是煩惱，「think over」眼中看到的只是彎彎的河床，看不到汨汨流過的河水，只有「think through」才有可能看明白河流的運動。

財務世界裡有許多似是而非的概念，如果想不通，就會讓人感到困惑並且痛苦。財務智慧的第一步就是強迫自己去想穿、想透那些讓人反覆想也想不通的有關財務的事，透過現象去發現實質。

The biggest lie in the world
世界最大的謊言

俗話說「無利不起早」或者說「沒有永遠的朋友，只有永遠的利益」，「天下熙熙，皆為利來；天下攘攘，皆為利往」。這裡所說的「利」和「利益」，都指好處，如果翻譯成財務詞彙，最接近的就是「利潤」。

利潤太重要了。我在商學院讀書的時候，第一堂課就是學習商業的意義和企業存在的目的。利潤是判斷商業最具意義的標準。管理

學創始人彼得‧德魯克就認為，企業存在的目的就是使股東利益最大化。

　　而最能衡量股東利益的標準是股東權益報酬率（return on equity），簡稱為ROE，其計算公式的分子就是利潤，分母是所有者權益即淨資產。利潤越高，權益報酬率就越高，股東也就越滿意。

　　麥可‧波特是研究戰略管理的大師，他為中國企業設計的戰略是－－

　　首先，中國公司首要的任務是要暸解投資的報酬。中國的公司必須以獲利為中心進行管理，如果不這麼做是不可能有好的戰略的。因為如果你想做的事情只是不斷地擴大規模，你就會面臨很大的誘惑，讓你不斷地通過降價來滿足所有客戶的需求，緊接著就會損害到你的差異化戰略和你的經營模式。但是如果你把企業的獲利設為你的第一目標，擴大規模設為第二目標，就會幫助你做出比較正確的決策。以前，中國的企業把政府主管部門交代的生產任務完成就可以了，而現代經濟要求企業甚至可以不生產產品，但是必須產生利潤。

　　波特言下之意是說，中國的企業追求利潤的程度還是太不夠，企業能夠做大卻不能做強。從規模上看，中國的很多企業都不小，但是獲利能力不夠強，主要靠薄利多銷，經濟危機一來，市場需求減少，多銷被終結，企業很快就開始虧損，甚至倒閉。這時，你就會發現，佔據多大的市場份額並非當初想像得那麼重要，利潤才是關鍵。

股東們也依靠企業利潤來判斷股價。股東們的最大興趣實際上不是在二級市場上透過買賣股票賺錢，炒股不是目的，二級市場風險太大而且不可控，投資企業的股東們最終期望的是分享經營利潤，分得股利才是目的。對股東來說企業獲利多少，就意味著能分到多少。

股東變成了股民以後，股利似乎不再重要了。沒有人指望靠股利存活。股票成了相對獨立的商品，低買高賣，獲利取決於股價。股價跟很多因素有關，不過，有一個指標很重要，那就是本益比（P／E），這是股民買賣股票的重要參數。本益比計算公式的分子是每股的價格，分母是每股的利潤，也稱每股收益。本益比低，表示股價被低估了，值得投資。因此，利潤在很大程度上決定了股價。利潤降低，股價也降低。

企業的獲利能力也是向銀行借貸的安全保障。銀行家依據利潤的變化來決定貸款的額度。特別是在中國，利潤指數是銀行家最看重的數字。利潤的高低決定貸款的規模。沒有利潤的企業在銀行家眼裡跟破產等同，尋求銀行信貸的雪中送炭無異於緣木求魚。銀行的勢利體現在對利潤的高度重視上。

在企業內部，企業的經營管理層更是與利潤休戚相關。經理人的職業生涯通常被利潤操縱著。利潤最大化是管理層的職責，也是所有職業經理人的成就感、榮譽感和個人報酬的最重要的來源。

■利潤至高無上，然而，這個世界上最具戲劇意義的是，在現實中，這麼重要的利潤實質上根本不存在。

扭虧為盈的經理人是董事會心目中的救世英雄。每年利潤增長的快慢通常決定了經理人職位的升降。雖然，很多公司董事會利用平衡計分卡等工具對管理層進行綜合評價，但是，關於利潤的首善地位雙方都心照不宣。管理層將自己頭上的利潤目標像瀑布一樣層層分解到下面的各級員工身上，所有員工都在為目標利潤日夜奮鬥。

■利潤永遠看不見摸不著，世界上沒有一樣具體的東西叫利潤，甚至公司保險櫃裡也沒有任何一筆具體叫做利潤的錢。

利潤至高無上，一個簡單的阿拉伯數字左右了很多人的命運。

然而，這個世界上最具戲劇意義的是，在現實中，這麼重要的利潤實質上根本不存在。

利潤永遠看不見摸不著，世界上沒有一樣具體的東西叫利潤，甚至公司保險櫃裡也沒有任何一筆具體叫做利潤的錢。

在某種程度上利潤毫無用處。利潤不是現金，不能幫你付任何一筆帳單，不能幫你付房租，不能幫你付水電瓦斯費，利潤不能付給供應商，不能付薪水，不能付年終獎金，當然也不能靠利潤請客吃飯。但就是這個抽像的、毫無用處的數字引得無數英雄競折腰。

利潤只存在於財務報表的虛擬世界裡，只是一個統計後的財務數字。利潤就好像人類的理想一樣，人人都在說它，在算計它，但是沒有人看到過它，也沒有實現的可能。

利潤從何而來呢？每到月底，財務部開始「做帳」，往往要好幾天才能做完。不做財務的人永遠不明白為什麼帳不是記出來，而是

「做」出來？把每天的帳目加在一起不就結了嗎？

把每天的流水帳目加在一起的工作不叫做帳，它有一個專有名稱，叫做「簿記」。做這份工作的人叫簿記員，連會計都還不是呢。簿記員的職位最低，工作量最大。我在商學院實習的時候做過3個月的簿記員，差點絕望。不是因為太累或者薪水太低，實在是因為沒有太大價值。只是機械地輸入數字，任何受過初級訓練的人都可以做。

簿記是不需要獨立思考的。一些企業會將簿記工作外包，交給第三方服務機構來做，就像把衛生清潔工作外包給清潔公司一樣。

帳不是簿記「記」出來的，而是「做」出來的。總帳會計或財務經理每到月底會把自己關在房間裡做帳。數字要經過人為的多次調整（「調帳」），財務報表經過數遍的塗塗改改才能拿出來，直到這時大家才知道這個月是虧了還是賺了。

每到年底，這份工作會由更高級別的人來做。集團公司的CFO會和CEO一起躲在辦公室裡嘀嘀咕咕，在計算器上按來按去，商量應該報告多少收入費用，然後一起宣佈公司今年的利潤是多少，以及明年甚或10年以後的利潤預測。

利潤就是這樣煉成的。為了保證利潤的真實性，頗有威望的獨立會計師會在來年春暖花開的時候跑來審計，然後出具一份無保留意見的證明——審計報告，簽上合夥人的名字，蓋上事務所的大章，以證明所宣佈的利潤是千真萬確的，是存在的。

然而，不久之後就可能會有大膽的人跳出來說皇帝並沒有穿衣服——利潤虛假，利潤是做出來的，不真實，財務在做假帳！

Give me an assumption, I can lift up the earth
給財務假設可以把地球撬起來

阿基米德曾說：給我一個支點，我可以把地球撬起來。物理學的解釋是，如果力臂足夠長，你就可以用很小的力氣搬動一個很重的物體。

實際上，從另一層面去理解這句話更有意義。那就是阿基米德的真正的意思其實是：給我一個假設，我可以把地球撬起來。

財務報告是一種真實的謊言，這種謊言與生俱來，是財務的原罪。所有的財務報告都是建立在一系列假設和估計基礎上。沒有這些假設的前提，財務報告就無法存在。

有人說，這世界上的謊言分為三類：第一類是一般的謊言；第二類是專業的謊言；第三類是統計後的數據。財務報告提供的就是些統計後的數據。這些數據不是現實，而是像哲學家所說的洞中的影子，它們最多只是對現實的反映。

這種反映現實的準確程度取決於數據背後的假設以及數據製造者的人為判斷。假設不同，得出的結論就會有差異，這種差異有時會很大甚至完全相反。當我第一次發現財務報表居然是根據一系列假設建立起來的時候，我的第一感覺就是：只要給我一個假設，我可

■財報是真實的謊言，這種謊言是財務的原罪。所有財報都是建立在一系列假設和估計基礎。沒有這些假設財報就無法存在。

以做到任何別人做不到的事，包括撬動地球。

　　現代管理的核心之一是量化管理，不能量化的東西就無法分析，無法分析的東西就不能管理。但歷史並不是都可以輕易準確量化的。要量化就需要假設、估測以及個人的主觀判斷。為了達到這一目的，國際通用會計準則不得不將一些通用的假設合法化，認定這些假設是可以接受的或者說是通用的。當然，這本身就是個悖論。

　　不僅量化歷史困難，未來也無法準確量化。企業的現狀永遠與其對未來的影響聯繫在一起，而未來總是在估測的基礎上建立起來的。比如，預提和折舊就是其中兩種最常見的估測工具。假如你購買一套機器設備，用它來幫你賺錢，這套機器設備變成了固定資產。賣給你機器的生產廠家說你可以用它7年，如果保養得好的話。你的朋友用過這種機器，告訴你說它只能用5年。你的實際使用情況也許是6年2個月零4天。但是，事先沒有人知道，也沒法知道。固定資產的折舊時間只能在5年和7年之間選擇。依照財務人員遵循保守原則的特點，你會選5年，而賣機器設備的銷售人員一定慫恿你選7年，這樣顯得這套機器買的很值。但是無論哪項選擇，實際上都不是真實的。

　　改變預提和折舊的方法能讓企業的財務報表在幾分鐘之內轉虧為盈，而這些改變又都在會計準則允許的範圍之內。另外，選擇不同庫存的計價方法也會導致不同的財務結果，比如是選擇先進先出，還是後進先出。

　　利潤的來源更是充斥了假定、估計和人為判斷。從收入開始，

到成本，到費用，每一個環節都有人為假設的灰色地帶。收入的確認是個永遠剪不斷、理還亂的話題。成本和費用的基礎是權責發生制，要求人為界定責任的歸屬、時間和大小。不同的人完全可以給出不同的判斷。甚至，利用保守原則，高估損失，低估收入，也可能將利潤往另一個方向調節，把利潤像戰備物資一樣在豐年的時候儲備起來，在荒年需要的時候再釋放。

商業管理是科學也是藝術，財務是商業管理的一部分，也同樣具有這樣的兩重性。商業決策根據的是個人經驗加數據，財務也無法例外。畢竟，財務是由人來做。

我做過財務分析的工作，分析更是離不開假設。財務分析就是先設立一系列的假設，再搭建一堆的模型，然後進行各種各樣的情景分析，最好的情況、最壞的情況，以及最有可能的情況等等。分析的結果完全取決於最初設立的假設條件。

同樣的一件事，比如說收購一家食品工廠，你可以通過預測今後10年、20年的市場強勁需求，產量提高，規模化後成本降低，現金流滾滾而來等等，算出這個項目折算到今天的價值該值多少錢，從而判斷此項決策是如何如何正確；你也可以改變假設條件，證明收購後文化衝突，規模化效應變成規模化矛盾，競爭對手會如何更積極應對，結果價格戰無法避免，利潤率必然按照負向曲線加速降低，論證出收購實屬勞民傷財，不如將資金投入現有員工的福利，提高工作效率，提升企業的自然增長。

而實際的情況往往總是在這兩種假設之外。

數字的彈性

操縱財務數字對專業財務人員來說實在不是一件困難的事。

許多做財務做久了的人，跟我一樣遲早都會發現數字是具有彈性的。這已是專業裡公開的秘密。

做帳的確有很多技巧，比如財務報表裡的折舊、預提、分攤、遞延、減值準備等都存在人為的假設和判斷。 一些公司也在利用合法的財務準則有技巧地進行合理的調帳，在陽光下管理數字。比如，把費用的分類從一個項目轉移到另一項目，根據市場的變化情況，合理地調整存貨的減值準備，等等。

這時多數人往往會心癢難耐，特別是又碰巧遇到各種誘惑或者壓力的時候，常常會用掌握的技巧調帳。只是這種技巧如果使用得太頻繁或者太過分的話，彷彿彈簧一般，總有一天會衝出彈性限度以外，而再難恢復的。

我剛過30歲的時候擔任全錄（Xerox）中國公司的財務總監。有一年，我們的銷售額沒有能夠完成計劃，相差1,000萬美元。但是年底的淨利潤卻超過計劃將近10萬美元。就像一個在刀鋒上跳舞的舞者，我在財務準則允許的最大限度內合法調帳，在年中預測到銷售很可能要下滑的時候就釋放了以前很多費用方面的預提。最終，幾次的內部審計和獨立的外部審計都不得不承認利潤的數字符合國際會計準則以及中國會計準則，儘管他們都很不情願，但還是在審計報告上簽

了字。我那時候年輕，喜歡智力上的挑戰，對自己的能力充滿自信，看到會計師們臉上無可奈何的表情，感覺竟像是打了勝仗般。

不過，換到現在，我很可能不會再去挑戰這些財務準則的極限，儘管它是允許的，但是，這終歸不是個好習慣。經歷的事多了以後，現在我更看重數字的質量，而不是純粹的數量，長遠的利益更重要些。

Misunderstanding of Asset

Chapter *02* 資產的誤解

如果你知道了謊言是怎樣形成的，
謊言就不再是謊言了。

財務報告真真假假，要鑒別出謊言裡的真實程度就要學會看懂財務數字，也就是要瞭解財務數字背後的假設。這些假設隱藏在財務報告的基因裡。而財務的基本概念即財務語言是這些基因的載體。

我曾接待過兩位從瑞典來的同事，在跨國公司工作的便利之一，就是你可以有機會瞭解其他國家的人如何以不同的視角看待中國看待自己。我們在一家名為「海上阿叔」的中餐館裡吃飯，閒聊《世界是平的》這本書。該書在全球暢銷，講的就是全球化的社會學問題。作者認為雖然哥倫布發現地球是圓的，但是現在的網路化世界將地球變成平坦的了，傳統的疆界都將消失。比如你在美國中國撥打航空公司的客服電話，接待你的客服代表說一口流利帶有紐約上城區口音的美式英語，但卻是地地道道的印度人，而且很可能從未坐過飛機離開過印度。

席間，同事突然停下筷子示意大家安靜。餐館裡播放著「後街男孩」。午餐時刻餐館總放快節奏的音樂，好催人快吃完好快翻桌。

「你沒有發現音樂是全世界通用的語言嗎？音樂可以滲透到世界上任何國家。」這位瑞典人在20世紀70年代來過中國，她說那時她就堅信中國會開放，因為她在北京古老的皇城根下竟然聽到了西方的現代音樂，也聽明白了音樂背後的中國人渴望開放的心思。

音樂是語言，財務也是語言。語言使人類的溝通成為可能。而溝通是合作的關鍵。傳說羅馬帝國並不是由於兵力缺乏而被滅亡的。羅馬帝國的滅亡是因為它的疆域擴張得太大，而疆域內的人民所說的語言又都不相同，導致它無法再以一個有凝聚力的模式進行運作。

The real Buddha only talks normal words

是真佛說家常話

　　財務不招人喜歡的一個重要原因是財務語言的晦澀難懂。

　　財務裡有很多專業詞彙，讓人望而生畏。有人專門編寫財務詞彙的詞典，成千上萬的詞條，就像GRE詞彙一樣，很多是日常生活中永遠見不到的。有時候你會覺得這些拗口的專業名詞純粹是為了保護財務人員的職業安全而有意設計的。

　　伽利略說過，如果不學會宇宙的語言，人類就無法瞭解宇宙。自然科學家把宇宙的語言定義為數學。我在美國學財務的時候，教授說：「對於商業活動來說，國際通用的商業語言就是財務語言。」

　　然而，現實中，這種通用的語言並不真的能通用。很多人不明白資產和負債的區別，不明白利潤並不是真金白銀，不知道如何看懂財務報表，不知道怎樣利用時間價值判斷投資報酬。財務的專業詞彙，特別是那些翻譯過來的詞彙阻礙了很多人想要瞭解財務的興趣。

　　《富爸爸，窮爸爸》的作者羅伯特・清崎是我在全錄（Xerox）公司時的同事。他是做銷售出身的，「從越戰回來後，我在全錄公司找了一份工作，加入全錄公司是有目的的，不過不是為了物質利益。我是一個靦腆的人，對我而言營銷是世界上最令人害怕的課程，而全錄公司擁有在美國最好的營銷培訓項目。」4年後，羅伯特・清崎離開全錄創建了自己的第一家公司，夢想成為他心目中的富爸爸。羅伯特・清崎以銷售人員的激情鼓動人們創業投資，擺脫當公司職員的悲

慘命運，做自己和別人的老闆，從而實現財務自由的致富夢想。

羅伯特‧清崎認為很多美國人的最大問題是看不懂財務方面的文字表述或讀不懂數字的含義。如果人們陷入財務困難，那就是說有些東西——或是數字或是文字他讀不懂，或是有些東西被他誤解了。富人之所以富是因為他們比那些掙扎於財務問題的人在這個方面擁有更多的知識，所以如果你想致富並保住你的財富，財務知識十分重要，特別是對財務語言即文字和數字的理解。

若干年前，我第一次讀羅伯特‧清崎的財務培訓書時，覺得很不以為然，裡面的財務知識淺薄得可憐。後來在北京的人藝小劇場，我居然看到一齣話劇，就叫《富爸爸，窮爸爸》，劇中人物在舞台上討論現金流量表。我知道羅伯特‧清崎把很多東西簡單化了。後來，我轉做市場和銷售，在世界各地與各種不同背景的代理商和客戶打交道，在時差帶來的時空恍惚中，我需要的是最簡單最直接的財務語言。這時，我突然有種雲深不知處的尷尬。

從企業管理和投資的角度來說，財務都應該是簡單的。簡單才能實用。如果你覺得複雜，一定是你把它想複雜了。你之所以會把它想複雜，是因為你沒有想通那些最基本的概念。

■從企業管理和投資的角度來說，財務都應該是簡單的。簡單才能實用。如果你覺得複雜，一定是你把它想複雜了。

信佛的人說，是真佛說家常話，佛理就在家常話中。財務的智慧從財務語言的基本概念開始。財務的所有詞彙，其實歸納起來只有七八個基本概念：

■財務的所有詞彙，歸納起來只有七八個，而這些概念想通了就只剩下兩個：一是資產；二是時間價值。

資產 (asset)、負債 (liability)、權益 (equity)、收入 (revenue)、成本 (cost)、利潤 (profit)，以及金錢的時間價值 (time value)。

而這些概念想通了就只剩下兩個概念：一是資產；二是時間價值。

對於財務報告來說，資產是核心中的核心。因為負債是資產的對立面，權益是資產減去負債的淨資產，收入是使淨資產增加的東西，費用是使淨資產減少的東西，利潤是收入減去費用的差額。商業管理的本質歸根結底可以說就是資產的管理。

對於投資融資來說，其核心是時間價值，就是說時間是有價值的，現在的錢比未來的錢更值錢。時間價值使傳統的記帳會計轉變成了具有現代意義的財務管理。時間價值的背後是機會成本。一百年太久，只爭朝夕。時間價值是一切財富神話的秘訣。

整個財務的語言體系就是建立在資產和時間價值這兩個簡單的概念之上，如同道家說「道生一，一生二，二生三，三生萬物。」CNN把自己的使命定義為「You are what you know.」（你知道什麼你就是什麼）。財務的概念也是有生命的，如果你能像基督徒對待《聖經》條文那樣（「語言變成血肉，留在了我們體內。」）對待財務概念，你就會驚奇地發現枯燥的財務也有美麗生動的地方。

掌握財務語言，想通這些基本概念，是通向財務世界和財務智慧的第一步。

The whole China is cooking the book?

整個中國都在做假帳？

語言帶來的是溝通。溝通的真諦並不取決於你認為你自己說了些什麼，更多時候取決於對方聽進去了什麼，或者說取決於對方認為你說了些什麼。

我在美國接受財務教育，於1997年年底回國。當時在看中國公司的財務報表時總是一頭霧水，不知道我能讀懂多少，甚至於一些最基本的概念，比如資產。

1992年，中國官方對資產的定義是：「資產是企業擁有或者控制的能以貨幣計量的經濟資源，包括各種財產、債權和其他權力。」

這種定義乍聽上去並沒有什麼問題，中國的教科書也這麼寫，公司的財務報表也都按照這種定義編製。但是，到了2000年，資產的定義被修改為：「資產是指過去的交易事項形成並由企業擁有或者控制的資源，該資源預計會給企業帶來經濟利益。」

■資產從存在起就不純粹只為了記錄歷史，而是與未來緊密聯繫在一起的。

另外還有一個特別規定：「企業持有的各項不符合資產定義的資產，或者持有的雖然符合資產定義，但不可計量的各項資產，不能確認為企業的資產。」這種規定相當繞口，似乎是在說廢話。不過，2000年的新定義更靠近了西方通用的資產定義。

　　這些中文用詞的改變似乎是不經意的，但是這背後的意思差別很大。1992年的資產定義沒有考慮到那些資源是否能夠為未來帶來什麼好處，只要是企業擁有的資源都算資產。賣不出去的過時產品，在風雨中長期擱置的機器設備，還有永遠都可能收不回來的三角債，都屬於資產。我當時感覺似乎整個中國的財務報表都在做假帳，直到後來我才明白這其中曲折的原原委委：

　　2000年前，根據國家的宏觀經濟形勢，允許國有企業把還沒有處理的財產損失和長期待攤費用等仍然作為資產掛在資產帳上，像已經收不回的應收帳款或者已經無法銷售的存貨或者那些太過落後早該淘汰的設備等，這些劣質資產已經不能為企業帶來任何未來的利益，實質上都應該算是費用，用來減除利潤的。但是，當時政府考慮到為了不使多數業績不佳的國有企業雪上加霜，出現帳目上的更大虧損，另外也考慮到一旦減少了利潤，國家將很難承受得住巨額的稅收損失，因此，政府人為地改變了遊戲規則。等到經濟狀況好轉後，政府就開始注重「實質重於形式」了。這應該是中國市場經濟發展初期的特色，而在西方人眼裡卻把整個中國的財務報告都看成是虛假的了。當時，在中國的所有外企都會按照國際會計準則另編一套自己看得懂的報表。

　　但是，在改正後的資產概念裡，「該資源預計會給企業帶來經濟利益」的「預計」預留了極大的人為預測和判斷的空間。資產從存在起就不純粹只是為了記錄歷史，而是與未來緊密聯繫在一起的。財務最基本的資產概念從一開始就離不開假設。

你也是一個負資產嗎？

香港有部獲獎電影叫《金雞》，影片以阿金的角度看香港幾十年的社會變遷。其中阿金這樣描述1997之後的香港社會：

「1997年，彭定康黯然離港，3個月零22天之後，港股兩度跌破1萬點。2000年之後，香港又流行三大產（慘）物，那就是負資產、申請破產和禽流感。」

閭丘露薇是鳳凰衛視的記者，她說：「我是一個負資產，已經好多年了。」閭丘露薇在自己的書中寫道：「在香港，只要說我是負資產，很多人都會表示感同身受。因為這已經是大多數香港人的現狀。不過在內地，每當我說到負資產的時候，很多人都聽不懂，於是我會花一些時間來解釋一下，負資產就是你買的房子的房價下跌，跌到已經低於你向銀行貸款的數額了。」

閭丘露薇解釋道：

「我是在1999年買的房子，因為亞洲金融風暴的關係，當時香港的房地產價格從1997年的高峰已經下跌了差不多4成，聽從特區政府的話購置了房產，因為大大小小的官員出來說，樓價已經到了谷底，小市民可以置業了。」

「隨著工作的穩定,雖然當時買房子供樓的話,會很吃力,但是敵不過有一個自己的家,改善自己的生活環境的那種渴望。」

「簽完買賣合約,覺得自己的抉擇應該算是英明,因為賣方虧了差不多100萬,把這套不到46平方米的房子,用200萬港元的價錢賣給了我。我覺得自己好像賺了不少。」

「因為當時屬於高利息時代,每個月還銀行的貸款差不多要2萬港元,而且還要20年的時間。從這一天開始,我不是為自己,而是為銀行來打工了。」

「樓價並沒有像政府希望的那樣到了谷底,不到4年的時間,我的房子已經跌到100萬出頭,於是我成了香港眾多負資產一族當中的一員。」

波及全球的那次經濟危機起因是美國的次貸危機。次貸危機導致了大量負資產的出現。20世紀初的時候,在葛林斯潘的領導下,美國實施極為寬鬆的貨幣政策,房地產市場空前繁榮,房價漲速很快,把已經做了分期付款貸款的房子以更高的價格再抵押再貸款成了暴富最快的手段。當房地產市場的泡沫破滅時,房價暴跌,資不抵債,就形成了大量負資產。這種現象我想不會就此絕跡,負資產一族在中國的一些大城市如上海和北京遲早也會出現。

不過,在財務上,閻丘露薇的負資產實際上並不是資產,而是個人財產。財產跟資產是兩個不同的概念。財產可以變成資產,也可以變成負債。比如說,一套房子可能是一項資產,也可能是負債,看

你怎麼管理它。如果房子使錢流進你的口袋，帶來經濟利益，那是資產；如果為了這套房子，錢從口袋裡流出去，而且只是單向地流出，它就變成了你的負債。

如果你理解了資產的真正意義，你會明白為什麼過去在農村裡，農民認為生兒子是資產，生女兒是負債；在養雞場母雞是資產，而公雞算是負債；以及在商業銀行裡，存款是負債，貸款才是資產。

2006年4月，媒體傳出閭丘露薇的老闆——鳳凰衛視董事局主席及行政總裁劉長樂聯合一家房地產公司收購北京城區內現存最大的一處爛尾樓—「瑞城中心」，涉及總金額超過30億元。爛尾樓常被外界稱為不良資產，性質與負債相似。但是很顯然投資「瑞城中心」房產的目的不是為了替朋友購買負債，也不是為了個人消費，而是看中三環邊上這座樓頂有停機坪的未來經濟利益。劉長樂收購的是真正意義上的資產。

The expired pineapple can

過期的鳳梨罐頭

「從分手的那一天開始，我每天買一罐5月1號到期的鳳梨罐頭，因為鳳梨是阿美最愛吃的東西，而5月1號是我的生日。我告訴我自己，當我買滿30罐的時候，她如果還不回來，這段感情就會過期。」

「不知道從什麼時候開始，在什麼東西上面都有個日期，秋刀

魚會過期，肉罐頭會過期，連保鮮紙都會過期，我開始懷疑，在這個
世界上，還有什麼東西是不會過期的？」

在王家衛的電影《重慶森林》裡，主人公的愛情正在以加速折
舊的方式貶值，其象徵就是阿美愛吃但又無法保鮮的鳳梨罐頭。

資產的種類很多，有長期、短期之分，有固定、流動之分，也
有有形、無形之分，但是不管屬於哪一類資產，都有一個逃不掉的宿
命——折舊。

折舊是資產被利用的代價，折舊年限是資產的使用壽命。流動
資產或者短期資產，比如應收帳款和庫存等一般不說折舊，不是因為
不折舊，而是因為這些短命的資產其折舊速度太快，都在一年之內，
以至於財務來不及將它們折舊就已經在報表上以費用的形式一次性處
理了。

財務報告一個非常重要的前提是商業活動的持續經營。所謂持
續經營，簡單地說就是假定所有公司的壽命都會比你我長，儘管這並
不是事實，因為統計學的結論已經證明一個跨國公司的平均生命週
期在40～50年之間，並且未來的趨勢是越來越短。但是為了運用簡
便，財務的理論（或者說潛在的期望），假定所有企業都不會關門，
都會無限期存在。在持續經營的假設前提下，企業就有足夠的時間充
分利用資產實現預期收益。因此，理論上幾乎所有企業的現有資產都
將變成一文不值的廢物，區別無非就是有的時間長些，有的時間短
些。

在美國，資產的折舊多半以加速的方式預提，比如說通用的新車一下地，價值就少了20％，這也許跟美國人喜新厭舊的急性子有關。中國大多用每年平均固定的直線折舊法進行折舊，比如如果一台機器的使用壽命是10年，那麼每年就折舊10％。但是某些企業最好還是得用加速法折舊，比如電冰箱的升級換代比較快，電冰箱生產線使用加速折舊方法可以比較真實地反映固定資產的損耗情況。

折舊年限有時也是個充滿人為判斷和預測的陷阱。同樣的設備，保養的程度不同實際使用壽命也就不一樣，這時，折舊的年限就有可能不同。一般來說，國外企業的固定資產折舊期相對於中國企業大多要長一些。比如辦公樓等建築物，國外企業的一般折舊期為30年，中國為20年；沖壓機國外為20年，中國為10年。但是對於電腦來說，國外企業都在3年之內折舊完，中國目前則是5年。在上市公司的年報中，有時會看到這樣的鄭重聲明：「本公司重新審視了現有資產折舊方法，經董事會一致同意，在本年度內更改折舊年限，特此聲明。」折舊年限的更改會直接導致損益表上利潤的變化。

我曾在上海大劇院看過林懷民的舞劇《紅樓夢》。那次是此劇的封箱演出，所有人都鄭重其事。舞劇結束時，一幅碩大的白布覆蓋整個舞台，繁華殆盡。曹雪芹這樣描寫人生的結局：

「為官的，家業凋零；富貴的，金銀散盡；有恩的，死裡逃生；無情的，分明報應；欠命的，命已還，欠淚的，淚已盡。冤冤相報實非輕，分離聚合皆前定。欲知命短問前生，老來富貴也真僥倖。

看破的，遁入空門；癡迷的，枉送了性命。好一似食盡鳥投林，落了片白茫茫大地真乾淨！」

這也正是折舊的結局。折舊每時每刻都在發生，如同三伏天的雪糕一樣，資產隨著時間消融。

在這個世界上，難道就沒有什麼東西不被折舊嗎？有，那就是唯一的例外─土地。說到土地，時間就不再是衡量的工具。土地在財務上是唯一永不計提折舊的資產，因為大地母親的壽命遠遠超過渺小的人類。因此，曹雪芹的話很有道理，只要給定足夠長的時間，滾滾紅塵的最終折舊結果一定是「白茫茫大地一片乾淨」。

"Having no asset is the biggest asset." Chairman Maozedong said.
「沒有資產，就是最大的資產」

毛澤東在自傳中說道：「我剛認識幾個字的時候，父親就開始要我記家帳了。他要我學習打算盤，因為父親一定要我這樣做，我開始在晚間計算帳目。他是一個很凶的監工。他最恨我懶惰，如果沒有帳記，他便要我到田間做工。」我猜想如果毛澤東當年不投身革命的話，也許他會成為一名精通財務的企業家。

毛澤東一生對於財務工作的論述極少，查來查去只找到了一句話。毛澤東說：「沒有資產，就是最大的資產。」對於無產階級來說，一無所有就是最大的無形資產。

無形資產一般包括專利權、非專利技術、商標權、著作權、土地使用權、特許權等，以及更虛無的不可辨認的商譽；企業的客戶資料，客戶關係，銷售通路，甚至微妙的政府關係也是一種無形資產。

　　閭丘露薇在書中說到自己的負資產時帶著感性，她說：「但是，當我走進自己親手設計的這個家的時候，覺得再辛苦也值得。」家和房子有時是兩個不同的概念。房子可以不是資產，而家是。家是無形資產。

Everybody is a brand

每一個人都是一個品牌

　　有一天，羅馬教皇在梵蒂岡與全球最有錢的人共進晚餐。其中有位富翁一個勁兒纏住教皇，兩個人竊竊私語了很長時間。有人好奇，就湊過去聽。原來，那位富翁願以10億美元交換一個條件：教皇必須答應，以後每次祈禱完不要念「阿門」，而改念「可口可樂」。這當然只是一個笑話，但是品牌早已經成為商業社會中大眾的一種消費信仰。

　　品牌是典型的無形資產。每一個品牌都有自己的品牌價值，或叫品牌權益。品牌權益是品牌的資產（增值）減去負債（貶值）後的淨值。全球最有影響力的品牌如可口可樂，其品牌價值據估計超過360億美元，這就是上面笑話的合理性依據。當然，教皇不答應的背後很可能是因為宗教信仰的無形資產價值遠遠超過了任何一種商品的

品牌價值。

海爾公司的張瑞敏說：「我認為所有的資產都應是負債，只有品牌才是真正的資產。你說你現在的廠房、固定資產、生產線都是世界一流的，但你沒有品牌。你今天給人家貼牌，明天人家會找到更便宜的，你這就是徹頭徹尾的負債。」

中國的企業現在越來越重視品牌的建設，有位民營企業家說：「過去我們靠節約、靠削減成本賺錢，現在我們靠花錢、靠投資自己的品牌賺錢。」

一些公司的品牌收購，比如聯合利華的和路雪（Wall's）收購了曼登琳（Mandarin），立頓紅茶收購了京華茶葉，目的是為了將競爭對手的品牌連帶其未來一起葬送掉，像武俠電影中武林爭霸一樣，保證自己的品牌能夠獨步江湖。

品牌使用費是品牌的收入。VOLVO公司為了整合自身的商業運輸解決方案的定位，同時又苦於小汽車產量無法快速提升，在1997年的時候將小汽車業務出售給了美國福特公司，但是仍然擁有一定比例的品牌權益，就是說，福特公司每賣出一部VOLVO小汽車，要付給瑞典VOLVO公司一筆品牌使用費。

無形資產還包括知識產權。我以前在軟體行業工作，我們的產品不是光碟，光碟只是臭皮囊似的載體，我們的產品甚至不是軟體，

■每一個人也都是一個品牌。經營好自己的品牌就是經營好自己的未來。

軟體本身即源代碼是不出售的，我們的真正產品只是軟體使用許可。這種許可從網上「快遞」給客戶，客戶得到的只是一個密碼，一個軟體的使用權利。這種權利類似微笑，可以無限分享，且不會對所有權有任何影響。因此，軟體業的毛利潤率一般都遠遠超過其他行業。微軟是個典型代表。在軟體行業裡，擅長知識產權保護的律師在某些方面甚至取代了財務人員的資產守門人的角色。

戴明博士（Dr.Willian Edwards Deming）花了畢生的心血研究質量的量化問題，以倡導全面質量革命。在他晚年的時候，他說，企業的管理問題只有3％是可以衡量的，97％是無形的，無法用數字來準確統計。企業的管理體系和企業文化也是一種無形資產。吉姆‧柯林斯（Jim Collins）帶領他的研究小組，收集了大量的數據，尋找公司從優秀到卓越的答案，其中重要一項就是訓練有素的企業文化。

美國西南航空公司是極少數能夠持續獲利的航空公司。就像派克街的魚販市場一樣，它的企業文化是快樂。西南航空培養了一大批快樂的員工，在它的總部達拉斯，我看不到一個西裝革履一本正經的行政官員，走廊的牆壁上貼滿員工組織的各種活動的照片，滿是笑臉。快樂的員工把快樂帶給了乘客。美國西南航空公司的客戶滿意度是行業裡最高的。

曾任職於GE的傑克‧威爾許不把自己定義為CEO，而是CHRO，首席人力資源官，負責選拔、培養和管理企業的領導者。企業文化往往是受上層領導者的影響，什麼樣的領導者就會有什麼樣的企業文化。而提升一個領導者的表現遠比提升一群人的表現容易且有效得多。

其實每一個人也都是一個品牌。經營好自己的品牌就是經營好自己的未來。

John Wu's dove

吳宇森的鴿子

去洛杉磯的時候，不可不去的地方是好萊塢。在傍晚的比佛利山莊和日落大道散步，感覺空氣裡似乎都瀰漫著一種奇特的迷人魅力。街頭甚至有人在兜售明星的住宅地圖給遊客，10年前是1美元一張，不知道現在漲價了沒有。

無法想像，在20世紀初，初建好萊塢的時候，這裡還只是一個封閉保守的小鎮，鎮上的酒吧曾經張貼過這樣的牌子：「演員與狗不得入內」。今天，這裡成了生產人類夢想的工廠，現實在這裡終結。如同奢侈品的品牌魅力一樣，小鎮的價值也早已今非昔比了。

好萊塢的名氣本身已經成為一種無形資產。

財務對於無形資產的評估態度實際上一直很曖昧，可以說既愛又恨。就像我們對待感情一樣，常常只有在失去的時候才明白它的價值。

財務的基本原則要求客觀、要求保守、要求一致，企業自主開發或形成的無形資產，吸引顧客的產品品牌和越來越有價值的商譽一般並不反映在資產負債表中。不是因為它們不重要、沒有價值，而是因為它們的價值無法用準確的數字衡量。

對於擁有優質無形資產的企業，它們的價值在資產負債表中往往被人為地低估了。無形資產只有在企業成立、出售、上市、增資擴股或與人合作時，通過溢價的方式來體現。

中國證監會規定，企業上市前一年末，無形資產在淨資產中所佔的比例不得高於20％。對高新技術企業，無形資產出資可以佔註冊資本的35％。證監會的目的是保證企業在發行前無形資產佔淨資產的比例不要太大，藉以維護公司資產的真實性。至於說為什麼低於20％或35％就能保證其真實性，這本身就是在用準確數字表示模糊概念了。

跟其他資產的特徵一樣，無形資產也會折舊，或叫攤銷。無形資產一般在預計的使用年限內分期平均攤銷。如果合約沒有規定受益年限，法律也沒有規定有效年限，無形資產的攤銷期一般不超過10年。如果現有的無形資產已被其他新技術所替代，或者此無形資產的市價大幅下跌，比如品牌受損（品牌「生病」了），並且在剩餘攤銷年限內預期不會恢復，這時就需要做減值準備。商譽如果不維護好，在你不注意的時候，有可能從「美譽」（goodwill）變成「毀譽」（badwill）。

文化也是一種無形資產。我因為工作的原因，必須經常去歐洲。下班之後，除了逛無數的博物館之外，最愉快的事是漫步在那些古老的石子路上，在那些歷久彌堅的教堂、城堡、建築之

■優質的資產可以是創新的設計，可以是高效率的設備，可以是最經濟的庫存，也可以是最適量的應收帳款。

間流連忘返。它們大多數都還在使用，像布魯塞爾的股票交易所，甚至於教堂前面小河裡的幾隻鵝，也都在世代繁衍著。這時你會覺得歐洲近幾百年的文化復活在你的身邊。甚至於，在中東的大馬士革，那座世界上最古老的首都之城，在擁有數千年歷史的市場上你會感受到同樣的活力。

■在中國，幾千年的文明遺跡有些成了傳說，折舊速度太快了，像一些歷史古城鎮，快速的商業化已掏空其歷史文化價值。

在中國，幾千年的文明遺跡有些成了傳說，維護得不太理想，折舊（即貶值）的速度太快了，有時讓人覺得痛心。像一些歷史上著名的古城鎮，快速的商業化已經掏空了這些小城的歷史文化價值，整個古城幾乎淪為旅遊紀念品和廉價酒吧的集散地。

所有的無形資產都具有一定的生命週期，都需要不斷地維護。企業在管理無形資產時，要盡量申請專利、著作權、商標權等法律保護形式，同時加強商業秘密、技術秘密的保密措施。全錄（Xerox）影印機的高額利潤就是通過專利保護實現的。一個普普通通的全錄影印機身上至少申請了五六百項專利保護。

吳宇森在好萊塢拍攝過一部電影——《Paycheck》（台灣片名：記憶裂痕），影片中的麥克就是一個生產無形資產的工程師。他的僱主為了確保知識產權的保密性，利用激光甚至同位素技術消除他的大腦記憶細胞。這恐怕是世界上「最安全」的保護知識產權的措施了。科學家們正在研發人體芯片將產生類似的效果。吳宇森的個人品牌象

徵之一，代表其暴力美學總是出沒在血雨腥風中的那隻白色和平鴿，
再次在銀幕上如幽靈一般飛過。

輕資產戰略

《道德經》中有一段話很精彩：

「……上德若谷，大白若辱，……大方無隅，大器晚成，大音
希聲，大象無形，道隱無名。」

意思是說，有形等同於無形，有象等同於無象，所以說「大象
無形」。有形資產和無形資產的關係也是這樣，如果能夠平衡虛實，
可以提高資產質量，實現資產報酬的最大化。

麥肯錫諮詢公司喜歡診斷中國企業的管理問題。麥肯錫認為中
國企業需要加強五大能力建設：第一是卓越的財務能力；第二是強大
的運營能力；第三是出色的營銷能力；第四是傑出的戰略能力；第五
是優秀的人才吸引和培養能力。卓越的財務能力特指透明的財務和會
計制度、預算流程、財務分析、資本籌集和優化以及輕資產戰略。

所謂輕資產戰略，是針對企業的資產報酬率來說的。在利潤不
變的情況下，資產越少，分母越小，資產的報酬率自然會越高。輕資
產戰略是實現投資高報酬的有效手段。

要實現輕資產戰略，最重要的是擁有優質資產以及無形資產，這是高額利潤的保障。資產重組的目的並不是要一味增大資產總額，而是要擁有更多的優質資產，要提高資產的報酬。

什麼是優質的資產呢？優質的資產可以是創新的設計，可以是高效率的設備，可以是最經濟的庫存，也可以是最適量的應收帳款。

The most headached current asset
最令人頭痛的流動資產

企業的有形資產包括廠房、設備、應收帳款、存貨等等。其中應收帳款和存貨屬於流動資產，在短時間內（比如一年）很容易轉換成現金。企業的日常管理就是管理這些流動資產。

理論上流動資產的周轉都應該是很快的。但是，實際情況往往相反，在所有的資產中，最難管理的是應收帳款，最昂貴的則是存貨。

企業面對應收款的態度很矛盾。在非壟斷的行業裡，賒銷很難避免，它是銷售的利器，是市場競爭的要求。應收款是賒銷的結果，卻也是最讓人頭痛的資產。有些企業被巨額應收帳款所累，派人四處討債；有些企業被迫建立龐大的信用管理及收款隊伍，以律師為後盾；有的企業索性將所有應收款打包賣給專業金融或收款公司；還有的企業走向另一個極端，所有交易以現金支付，有點兒因噎廢食。

日本有部電影叫《女稅務官》，是死於非命的導演伊丹十三的

早期作品，說的就是收帳的故事。雖然女稅務官是替政府收稅，但是收帳的難度一點兒不比企業輕鬆，特別是當黑社會老大也要盡公民的納稅義務時。

應收帳款的管理一方面是管理財務風險，防止出現客戶不付款的呆帳或壞帳；另一方面是管理流動資金的周轉，督促客戶按時或者提早付款。銷售週期只有在應收帳款全額收回後才真正結束。

我在美國全錄公司工作的時候，曾經委託畢馬威會計師事務所做過應收帳款的管理調查研究。應收帳款的管理方法很多，畢馬威列出的多數企業常用的一項措施挺有意思的，就是利用5C標準建立標準客戶信用評估體系。

所謂5C指客戶做人的品質（character）、還債的能力（capacity）、擁有的資本（capital）、可能的抵押品（collateral）以及整個經營環境（condition）。在所有C中第一個C最重要。判斷人的品質不是件容易的事，在商場中，見利忘義，遇人不淑的事幾乎天天發生。這需要豐富的社會經驗和敏銳的觀察力。

有人會利用牌桌或者高爾夫球場去判斷一個人的品質，特別是在高爾夫球場上，桿數都是自己數的，沒有專門的監督者。我沒試過，但是我猜這些辦法可能會有一定道理，人在最不設防的時候本性更容易流露。

在孟加拉有一位銀行家叫穆罕默德‧尤努斯。他發現了一個秘密，就是「肉食者鄙」，在品質上窮人的信用更值得信賴。尤努斯創建了小額貸款銀行，為貧窮的農夫、街上擦皮鞋的小販提供無抵押的

低息貸款，甚至乞丐也可以來做短期借款，尤努斯發放的第一筆貸款只有27美元。尤努斯銀行的信用風險是同行業裡最低的。這種商業模式的成功讓尤努斯獲得了諾貝爾和平獎。

實際上很多企業都有自己獨特有效的應收帳款管理方法，有家公司甚至利用企業退休人員上門催款，他們大多手裡端杯茶上門，因此又叫「茶伯」。

■ 好的應收帳款管理是不需任何催收的客戶關係管理。當應收帳款轉變成客戶關係時，應收帳款問題就消失了。

我自己雖然沒有請過「茶伯」來幫忙，但是在全錄（Xerox）公司工作的時候，由於直銷市場激烈競爭的結果，公司出現巨額應收帳款。我曾組建過信用管理團隊，也就是收帳小組。一群朝氣蓬勃充滿活力的年輕人通過各種方式，如電話、郵件、登門拜訪、法庭訴訟等催收應收帳款。當時效果立竿見影，現金回籠狀況改善了很多。

不過，現在想來也許這種頭痛醫頭的做法並不值得炫耀。信用歸根結底是人的一種選擇，是一種習慣，是廣義上的客戶關係。管理應收帳款實際上是培養客戶的習慣。而好的習慣不是從天上掉下來的，是靠日常管理訓練出來的。

真正好的應收帳款的管理是不需要任何催收的客戶關係管理。追帳，無論是多麼聰明有效的追帳都不會給企業和客戶帶來額外的價值，都是不得已而為之的下下策。今天再看我當初在全錄公司的做法，我也許會把那些寶貴的年輕的人力資源投入到更有價值的客戶關

係的管理上，而不是去一味地催討帳款。

　　當一個問題太難解決的時候，也許最好的解決方案就是讓這個問題消失，使其不再成為問題。當應收帳款轉變成客戶關係的時候，應收帳款的問題就消失了。當這一問題不再存在的時候，也就不會再讓人頭痛了。

Chinese people's credit issue
中國人的信用問題

　　關於中國人的信用問題，法國啟蒙運動的思想家孟德斯鳩在1748年出版的《論法的精神》一書中寫道：

　　「中國人的生活完全以禮為指南，但他們卻是地球上最會騙人的民族。這特別表現在他們從事貿易的時候。雖然貿易會很自然地激起人們信實的感情，但它卻從未激起中國人的信實。向他們買東西都得要自己帶秤。每個商人有三種秤，一種是買進用的重秤，一種是賣出用的輕秤，一種是準確的秤，這是和那些對他有戒備的人們交易時用的。」

　　孟德斯鳩說：
　　「由於需要或者也由於氣候性質的關係，中國人貪利之心是不可想像的，但法律並沒想去加以限制。一切用暴力獲得的東西都是禁

止的；一切用術數或狡詐取得的東西都是許可的。因此，讓我們不要把中國的道德和歐洲的道德相比較吧！在中國，每一個人都要注意什麼對自己有利；如果騙子經常關係著自己的利益的話，那麼，容易受騙的人也就應該注意自己的利益。在拉西代孟，偷竊是准許的；在中國，欺騙是准許的。」

《論法的精神－19章20節》

　　孟德斯鳩從來沒有到過中國，他這種讓很多中國人看了很不爽的觀點得自於1721～1722年間的一些西方貿易商人的遠東遊記。儘管內容有些偏激，但是多少反映了當時西方人按照自己的價值觀對當時的中國商人的信用批判。

　　實際上，現代中國企業的商業信用，一方面受計劃經濟的影響，如政府介入的擔保等；另一方面也受中國文化的影響。在一個資信發達的社會裡，彼此之間的契約以及獨立的評估公司可以幫你獲得任何一家公司的真實信用狀況，但在中國，人際「關係」多少彌補了一些由於資信不發達所引起的信任危機，活生生的人才會讓人覺得更有信任感。

　　《論語》中說子路是「無宿諾」的，答應過的事從不隔夜，「片言可以斷獄」，就是說單憑子路個人的一面之詞就可以升堂斷案了，可見子路的個人信用遠遠超過事情本身。從社會學的觀點來看，中國人重關係的傳統使中國社會成為人際關係的網路社會。

　　一個出了名的債務人在飯桌上曾對我說，「錢肯定是有，但是

也肯定不夠，問題是先還給誰。」中國商人的信用被人際情感和個人之間的信任關係左右著。人際情感的最大特點是多變性和地域性，而這正是對現代商業信用的最大挑戰。

多年前中國推出過中國首張RAP專輯—《某某人》，其中那首專輯同名曲大概是說，在某某城市裡，無論你是什麼樣的人，你一定是某某人的某某人。這總讓人聯想到中國南方的一些城市，私營企業繁榮的背後是個人關係網的高度發達。

出口信用管理

以我的經歷來看，我覺得信用管理最難的倒不是中國的客戶，而是做國際業務的時候。

國際業務不完全等同於國際貿易。國際貿易相對倒也簡單，你付錢我發貨，最多利用信用證付款。信用證可以是即期的，也可以是遠期的，不過，開證銀行也會有風險。在很多國家，銀行是私有的，本質上只是金融公司，跟所有商業公司一樣都有可能破產倒閉。另外，在一些被西方孤立的國家如伊朗、古巴等，並沒有你熟悉的銀行，也沒有國際信用卡公司。

國際業務往往比進出口貿易更走

■要想做好國際業務，首先你要瞭解當地的文化，而要瞭解當地的文化，首先你要有一個國際的胃。

遠一步。就像當年《財富》500強的公司進入中國市場一樣，在其他國家建立分公司，發展代理商，僱用當地員工，管理當地客戶。信用管理同樣成為了客戶關係管理，只是由於文化背景和商業環境不同，跟中國的遊戲規則相差迥異。

如何管理國際信用呢？在機場總能看見匯豐銀行的那句口號"Think globally, act locally"意思是說站在全球角度思考，站在本土角度執行。

這自然是一種最好的方法，只是做好並不容易。

記得我在美國剛加入跨國公司工作的時候，我所受到的第一項訓練竟然是吃飯。每到吃飯的時間，我的經理總要帶我去嘗試不同國家的食物，有的好吃些，有的真是難以下嚥。「要想做好國際業務，」他拍拍自己的肚子看著我，「首先你要瞭解當地的文化，而要瞭解當地的文化，首先你要有一個國際的胃。」

The inventory management of Dr. Deming
戴明博士的雞蛋庫存管理

戴明博士在第二次世界大戰後因幫助日本公司進行全面質量管理（TQC）而聞名於世。戴明的主要貢獻之一是將統計數字引入質量管理，把抽象的質量概念數量化，使質量全成本的計算成為可能，彌補了財務數據的不足，從而使經營者最終明白該如何有效管理質量。

據說，戴明博士在家裡喜歡把冰箱裡的雞蛋通通標上購買時的

日期，先買的雞蛋先消費，這樣可以確保他能一直不斷地吃到相對來說最新鮮的雞蛋。戴明博士的這種庫存管理的方法就是所謂的FIFO（先進先出），與此相反的是LIFO（後進先出）。除了新鮮程度不同以外，如果雞蛋的價格在不斷上漲，那麼在財務意義上「先進先出」的結果是庫存的雞蛋成本比「後進先出」要高。相反，如果雞蛋的價格在不斷下降，那麼「先進先出」的庫存雞蛋成本要比「後進先出」的低。管理辦法不同，導致的庫存成本也會不同。

電影《The Perfect Storm》（台灣片名：天搖地動）裡有許多精彩的捕撈金槍魚的鏡頭。金槍魚、三文魚之類的深海魚被打撈上來之後，要立即被冷凍在冰塊裡，這些魚離開海水無法生存，帶魚也一樣。盤點時根本沒有辦法稱出淨重來，只能靠經驗毛估。

跟其他很多做財務的人一樣，我對於盤點庫存的經歷，似乎從來沒有愉快過。盤點的誤差有時大得驚人，有時甚至無法避免。

我在食品工廠工作的時候，每到月底，都要身先士卒，帶領成本會計去倉庫盤點。工廠生產「灣仔碼頭」牌冷凍水餃。盤點前一星期，通知就會發給生產、銷售、採購、倉儲、運輸等各部門，要求提前做好準備。到了盤點那天，工廠上下如臨大敵。所有原料不准進庫，所有成品不得出庫，如果可能，工人有時還需要停產一天。不知情者還以為我們被工商局查封了呢！原料倉庫還好辦，花半天時間可以清點完，麵粉、油、芝麻、配料等以袋計算，蔬菜以筐計算，有時要爬到堆成像小山一樣的罐裝原料的頂上盤點。而成品則需要進冷凍庫盤點。負責看管冷凍庫的師傅提前準備了軍用棉大衣和棉帽給

我們。在零下三四十度的冷庫，我在裡面待10分鐘就得跑出來暖暖身。對於這種行業盤點的結果，我不敢保證會有多麼高的準確度，估測有時不可避免。

我記得小時候，我家邊上賣百貨的小雜貨店，每到月底也都要停業一天。門口掛個木牌子，上面用白粉筆寫著「今日盤點」。不知道現在是不是已經改用電腦庫存軟體，可以隨時盤點了，依然還是繼續在月底盤點，只是下了班後加班做。

盤點的目的一是為了核對數量，如果實際數量比帳上少了，屬於盤虧，就要調整進入損益表報損；二是為了觀察質量和價格，現在的財務報表都開始要求預先計提存貨跌價準備。

The most expensive current asset
最昂貴的流動資產

存貨的出現是以現金的消失為代價的。如果能夠有效管理庫存成本，在銷售收入不變的情況下，可以輕易地增加至少2%的淨利潤。

我去上海的梅龍鎮廣場買件黑色小大衣，花了2,000塊錢，被送了1,000元的購物券。為了用掉這1,000元的購物券，不得已我多付200元買了件淺綠色的羊絨背心，儘管我知道自己不怎麼需

■存貨的出現是以現金的消失為代價的。若能有效管理庫存成本，在銷售收入不變的情況下，可以輕易增加至少2％淨利潤。

要它，結果又得了500元的購物券，我不得已又貼了100元錢買了條深綠色的吊褲帶，結果我又有了購物券，然後我又不得已買了條淡綠色的領帶，還有環保色的襪子。就這樣，商場裡的庫存通過這種促銷方式順利地轉移到了我的家裡。3年了，除了那件小大衣以外，背心、吊褲帶、領帶和襪子都還沒有拆封，整整齊齊地躺在衣櫃裡，綠蔭蔭地衝著我笑。似乎是對我這種受過嚴格庫存管理訓練的人的小小諷刺。

人們對於存貨一般期望是保持安全庫存量，不要缺貨，以便隨時滿足客戶的需求。庫存過多，很少被當做一件大事對待。有時為了享受大批量採購的優惠價格，還會人為增加一些不必要但是聽上去便宜的原料庫存。購物券就是利用這種辦法拉動不必要的內需。

對於很多公司來說，在所有資產裡，存貨實際上最昂貴、最費錢。中國國家統計局統計18萬家獨立核算工業企業產成品庫存佔其全年銷售收入的9.6％，比一般企業的銷售和行政費用加起來還要高。如果能夠通過有效管理庫存成本，在銷售收入不變的情況下，可以輕易地增加至少2％的淨利潤。

同時，存貨的出現是以現金的消失為代價的。儘管是以一種資產購買另一種資產，但是如果存貨佔據了太多現金，會導致利潤如海市蜃樓一樣永遠無法兌現。

傳統意義上的庫存成本只包括採購

■ 存貨儘管是以一種資產購買另一種資產，但是如果存貨佔據了太多現金，會導致利潤如海市蜃樓一樣永遠無法兌現。

成本、訂貨成本以及儲存成本。但這只是冰山露在水面上的部分。水面以下的隱形成本還包括購買庫存的資金成本、保險、搬運、搬運設備的折舊、貨物的損壞、過期、盤虧，以及庫管人員的人工及福利成本等。這些隱形成本每月一般會佔庫存貨物價值的2％，一年下來，庫存的成本無形中會增加1／4。在傳統的財務體系裡，這些隱形成本被歸結為管理費用，從來沒有把對待庫存像對待產品那樣進行詳細的成本分析。

對於大多數企業，庫存不僅費錢，而且還面臨著無處不在的價格風險。庫存的記錄是以當初購買時的價格即歷史成本為基礎的，如果市場價格變動大或者保存得不夠好，庫存有可能貶值，這時就要預提存貨的減值準備。

當然，有些產品歷久彌新，放得時間越長越值錢，像一些酒類或者發酵的茶葉如普洱等，是不需要做跌價減值準備的。

由於財務的保守原則的要求，庫存升值並不確認，只有在交易發生後，增值部分兌現了才能以利潤的形式被確認在財務報表裡。

The finance meaning of Peter Senge's Beer Game
啤酒遊戲的財務意義

我在北京工作的時候遇到過麻省理工學院的彼得·聖吉（Peter M. Senge）教授。他倡導學習型組織的理念，號召一種系統思考模式

■啤酒遊戲的財務意義旨在說明：誰的流動性好，誰就有可能生存，並且當危機過去時，有可能第一個復甦。

的修煉。這種模式可以讓你避免陷入頭痛醫頭，腳痛醫腳的窘境。後來在昆明的滇池邊上，我還協助聖吉教授組織過企業家學習營的活動。

我從他那兒第一次瞭解到供應鏈管理中的啤酒遊戲。啤酒遊戲說的是市場中終端需求的微小變化會被連鎖放大，像骨牌一樣最終反映到供應商和製造廠家的庫存中。

零售商、批發商和製造商，任何一方的意圖都是良好的，都想好好服務顧客，滿足顧客的要求，保持產品順利地在系統中流通並避免損失。

但是，儘管沒有一個人的用意是壞的，危機還是存在於系統的結構中。遊戲結束的時候，幾乎每個人手裡都攢著龐大的庫存。

為了滿足顧客的需要，一方面供應商不得不囤積主要原料；另一方面，產品的成本快速增加必然導致產品大幅提價，結果是銷量突然陡減，產品價格開始像雲霄飛車一樣快速下跌，而生產週期往往不可能在一夜之間調整過來，這就必然導致成品和原料庫存積壓，而這些庫存都是高成本的。市場價格大跌的結果，使利潤驟然下降。雪上加霜的是，庫存佔用了現金，周轉變慢，而在經濟危機的時候，最最重要的是資產的流動性。

遊戲的財務意義旨在說明：誰的流動性好，誰就有可能生存，並且當危機過去時，有可能第一個復甦。

My "rough" way of inventory management in China
我的「大概齊」管理方法

相對於銷售、市場等部門，長期以來庫存管理在企業的地位，就像人們對抽水馬桶的態度一樣，它正常運轉的時候，沒有人感覺得到它的價值，只有當它堵塞的時候，大家才發覺它有多重要。

至於管理存貨的方法，商學院裡傳授的經濟批量公式在實際操作中顯得太過理想化，很難實施。因為經濟庫存的基礎是準確的客戶需求預測，對於快速消費品行業來說，由於時間滯延的影響，常常會形成啤酒遊戲效應，導致生產需求的巨大波動。一味追求經濟庫存的結果往往是要麼生產開工不足，市場需求不能滿足；要麼庫存加速積壓。

盤活庫存最重要的辦法是加快周轉。在國際上，通常企業存貨的周轉次數一年內至少應該6～7次，或者說周轉天數為50～60天。比如，沃爾瑪的存貨周轉天數是44天，中國國有工業企業的存貨周轉天數為100天左右，而日本企業的存貨周轉天數只有20天。1953年，日本豐田公司創造了一種低庫存的生產方式，「即時生產（JIT）」意思是「只在需要的時候，按需要的量，生產所需的產品。」從那時起，很多公司都在追求一種庫存量達到最小的精細型生產系

■理想的存貨管理應該是沒有存貨的管理。跟解決應收帳款的辦法一樣，讓庫存消失，問題就好解決了。

統。但是傳統的管理模式以及數據資料系統都無法使企業真正做到JIT，直到ERP、MRPII等信息技術和網路技術的興起，JIT才有可能變成可行。

我離開品食樂（Pillsbury）公司後，加入全錄（Xerox）公司，又要負責庫存。這次還好，盤點不再需要穿棉大衣，但是上千種的耗材配件讓我頭痛不已，還有時不時的退貨。有一次，上海下大雨，積水倒灌進倉庫，大量複印紙受到損壞，最後上法庭解決賠償糾紛。我們的倉庫在上海外高橋的保稅區。所謂保稅區，有點像當年周潤發出演的《和平飯店》一樣，只要不出保稅區，就可以享受國中國的豁免待遇，不用交關稅、增值稅等，這樣可以省掉很大一筆錢。

當時，我推行的「大概齊」的庫存管理辦法是傳統的基於20／80原則的ABC管理法，即把所有存貨分為三類：A類，一般佔存貨總量的10％，資金佔用額約佔存貨資金的80％；B類，約佔存貨總量的20％，資金佔用額約佔存貨資金的15％；C類，約佔全部存貨總量的70％，資金佔用額約佔存貨資金的5％。然後集中精力管理A類和B類。

這種粗放式的管理雖然不是那麼理想，但是基本能保證客戶需求得到滿足，以及財務報表中存貨的數據95％準確。沒有人太多挑剔我的辦法，「大概齊」的管理能使工作效率更高些，庫存周轉整體也快些。

後來我在EDS的軟體公司工作，我們的產品是管理產品生命週期的設計軟體，比如基於三D設計的UG和Solid Edge（編按：一種電腦

輔助設計軟體）等。剛接手時，我硬著頭皮打聽倉庫在哪裡，而得到的回答是：沒有！因為我們賣的是軟體的授權許可，用戶可以通過網路下載。我心頭好一陣暗喜。我終於可以不用盤點了。

換另一個角度來想想，最終消費者真正願意購買的是產品的功能和價值，至於產品在生產過程中出現的搬運、超量生產、倉儲資金佔用等都不會給客戶帶來任何額外的價值，將這些成本塞進價格讓客戶買單本身就不合理。

因此，理想的存貨管理應該是沒有存貨的管理。跟解決應收帳款的辦法一樣，讓庫存消失，問題就好解決了。

軟體公司做到了，網站公司也做到了。比如，雅虎的產品是廣告空間出售和網上平台出租，所謂的空間和平台都是虛擬的，只有當有了客戶訂購時它們才存在。所以雅虎的產品沒有庫存，存貨周轉天數為零。生產硬件的戴爾提出了「摒棄庫存」的戰略模式。根據顧客的要求定制產品，使生產更具柔性。戴爾公司消滅了成品庫存，其零件庫存量是以小時計算的，當它的銷售額達到123億美元時，零件庫存額僅2億美元。

Speech of Liability

Chapter *03* | 負債者言

利用財務槓桿負債經營
是借雞生蛋的好辦法，
也是華爾街最推崇的致富工具。
連「垃圾債券」
都有可能換來真金白銀。
不過，
財務槓桿儘可能不要最大化。

分清資產與負債

負債與資產是對立而統一的。

對立的情形是,負債和資產就像同一枚硬幣的兩面。比如,你用信用卡透支,你的銀行存款變成負數,成為負債。對於銀行來說,這種關係剛好相反,同樣的一筆錢,你的存款是銀行的負債,你的透支則是銀行的資產。彼此之間存在交易往來的兩家公司,一方的流動資產如應收帳款,就是另一方的流動負債即應付帳款。

統一的情形是,負債和資產本質上是表象為兩面的同一枚硬幣。負債的目的是為了增加資產。資產的來源除了投資者的資本金外,還可以通過借貸即負債籌得。

所有的資產都有可能轉化成負債。資產經營得不好,不能帶來利潤時,變成不良資產,就是負債。工廠的許多閒置的設備被露天放置任憑風吹雨打,已經在急劇貶值,是負債了。存貨銷售不出去,堆在工廠的各個角落裡,也不再是資產而是負債了。應收帳款是典型的資產,但是應收帳款收不回來時,成為壞帳,就成了負資產,即負債。

在財務的眼裡,這個世界就是由資產和負債組成的。所有事物,不是資產就是負債,或者是在弄清楚到底歸屬於

■在財務的眼裡,世界由資產和負債組成的。所有事物不是資產就是負債,或者是在弄清歸屬於資產還是負債的過程中。

資產還是負債的過程中。

　　就像光譜分析一樣，兩端是資產和負債，中間是些混合物，由於所含的成分比例不同，所反映的傾向也不同。有些東西資產的特徵佔得多一點，有些東西負債的特徵佔得多一點。這些特徵同時又是不斷變化的，有時昨天還是資產，今天就會變成負債。分辨清楚是資產還是負債是培養財務意識的第一步。

　　羅伯特・清崎勉勵讀者立志成為富爸爸時就說：如果你想變富，只需在一生中不斷買入資產就行了；如果你想變窮或成為中產階級，只需不斷地買入負債。資產有可能帶來現金，帶來希望；而負債的代價是現金的流出。

　　正是因為不知道資產與負債兩者間的區別，人們常常把負債當做資產買進，從而導致了世界上絕大部分人要在財務問題中掙扎。

　　「富人得到資產而窮人和中產階級得到負債。」清崎在這兒說的是好的資產。不良的資產（比如過期的庫存）或者不良的經營（比如周轉不靈），都不能增加收入，最終並不能使權益增加。因此，清崎又說：「你最大的資產其實就是你的腦子，你最大的負債也是你的腦子。」

Miles reward is also a liability

飛行里程也是負債

　　經常出差的人大多跟我一樣，口袋裡準備著許多航空公司的里

程卡，積攢到一定里程數，可以免費升艙或者換免費機票。航空公司推出的飛行里程獎勵計劃實際上也是一種負債，因為這是航空公司的一種義務，有責任要兌現的。

負債是企業對外部承擔的經濟義務。通俗地說，凡是欠別人的，即IOU（「我欠你」），都屬於負債。英文裡負債叫liability，就是責任的意思。商業保險的一個基本險種叫做Liability Insurance（責任險），主要就是為了替投保人承擔責任而設立的。企業的負債一般包括銀行透支、應付帳款、長期借款、員工的帶薪假、產品保修期的服務等義務。

相對於流動資產，負債有流動負債；相對於固定資產，負債有長期負債；相對於無形資產，雖然沒有無形負債的說法，但是無形負債的確存在，比如一些道義或者情感上的無形義務。

資產有優劣的差別，負債也有良莠之分，一個簡單的判斷就是優質負債的成本即利息低，不良負債的成本即利息高。所謂高低的參照物，就是你的獲利效率。

■正是因為不知道資產與負債的區別，人們常常把負債當做資產買進，從而導致了世界上絕大部分人要在財務問題中掙扎。

在企業發展的初期，很多情況下資金自給自足，負債相對很單純。隨著企業越做越大，負債也隨之越來越複雜。對於樂觀的人來說，負債是可以攻玉的它山之石，或者是輪船上的壓艙石，沒有壓艙石的輪船在大風大浪中更容易飄搖甚至沉沒；對於悲觀的人來說，負債

相當於財務上的俄羅斯輪盤賭，槍膛裡總有一顆子彈，你永遠不知道哪一天會引發你的財務危機。

其實，跟資產一樣，負債是好是壞，完全取決於如何管理。

Leverage can help you make money with other people's money

財務槓桿就是用別人的錢賺錢

利用負債經營的好處是借雞生蛋，用別人的錢替自己賺錢。

如果借款的成本即利率低於你經營獲得的利潤率，你就可以不用自己的錢來賺錢了，這種情況就叫財務槓桿。這種負債就是好的負債。

在生產經營過程中，利用大規模批量生產的方式可以攤薄一些固定資產，這種方式叫經營槓桿。這種效益就是規模效益，是企業做大的動力之一。

所有聰明的企業都在充分利用各種可能的槓桿作用。

財務槓桿越高越好嗎？槓桿是增加力的一種工具。根據牛頓的力學定律，有作用力就一定有同等大小的反作用力。財務槓桿在增加預期收益的同時也增加了風險。

企業負債的比率越高，利息負擔就會越重，除去利息和稅負之後的利潤就

■跟資產一樣，負債是好是壞，完全取決於如何管理。

會大大減少。高負債率能錦上添花，也能雪上加霜。如果不能按期償還利息，企業就有破產的危險，或者遵照企業破產法請求破產保護。保護的目的是免於資產被清算，因為債權人比股東有獲得賠償的優先權。一旦真的清算，基本上給股東就留不下什麼殘羹剩飯了。

因此，財務槓桿並不需要最大化。財務槓桿到底可以用到什麼程度呢？因人而異，因時而異，因行業而異。原則上適可而止。

資本結構管理的一個重要前提是企業對未來銷售的預測，因為銷售額的較小變化會導致稅後淨利潤的較大變化。如果槓桿程度越高，這種變化幅度就越大。如果預計到未來銷售額會有很大增長時，可以採用少發行股票，多發行債券的方法，使企業的稅後淨利潤有較快的增加。如果未來銷售不會有較大增長時，則應該少用債券，盡可能使用股權融資即發行股票。

一般來說，銀行由於所擁有的資產流動性都比較強，會使用比較高的財務槓桿。公共事業單位如水、電、氣公司的未來收入相當穩定，並且往往會持續上升，企業也使用較高的財務槓桿。在中國房地產業，由於房地產預售制度的存在，房子沒造好，就已經開始出售，開始收錢了。這時收到的錢不是收入，不是資產，只是預收款。預收款是一種典型的負債，因為還沒有交貨，房地產預售合約是典型的欠條，即IOU。

我有個朋友早先時候在北京做房地

■ 預計未來銷售有大增長，可以少發行股票，多發行債券的方法；預計未來銷售不會有大增長時，則該少用債券，盡可能發行股票。

產開發。他給我解釋那時的商業模式:「我們沒有錢,我們其實也不需要錢。設計有設計公司,建築有建築公司,市場策劃有策劃公司,政府要開發就找我們,我們的角色就是將所有資源整合在一起,拿批文,賣預售屋,錢不夠時就找銀行貸款。真是黃金時代。」房地產行業正是利用這種超高的負債率(高達150%以上)超常發展起來的。

對於華爾街專做資本運營的金融服務公司來說,財務槓桿也是他們最推崇的致富工具。再融資、次貸、期貨,以及幾乎所有的金融衍生投資產品都有財務槓桿的設計在裡面。財務槓桿可以幫助你以小搏大,成倍或者幾十倍的獲利;當然如果槓桿力的方向錯了,也可以讓你虧得傾家蕩產。

美國的金融危機最終引發了全世界的經濟危機,其中一個重要原因正是金融公司過分利用了槓桿效用。資本的貪婪把金融槓桿工具推向極限。危機過後,去槓桿化成為必然。

Issue about the construction of liability

負債的結構性問題

借錢的兩個問題

借多少?

借多久?

借錢的第一個問題是借多少,第二個問題就是借多久。對於後一問題的最直接的答案就是越久越好,最好借款期長到天荒地老無限

期，別說，還真有這樣的債券，債權人從一開始就沒指望收回本金，只要生生不息的利息。但是，長期借債意味著更高的成本。那麼，什麼時候擁有長期負債，什麼時候擁有短期負債呢？

原則是視需要而定，長期負債一般用以購買長期資產，比如廠房、設備等的固定資產；短期負債用以支付短期的流動資產的需要，比如做廣告、買原料和發薪資都應該利用短期借債，如果需要借款的話。

原因也非常簡單，因為還債的期限不同。短期負債的本金需要幾個月之內就得償還，只有流動資產有可能在幾個月內賺回足夠的現金，而固定資產的收益是細水長流的。

原則和原因都很簡單，但是做起來似乎並不簡單。不少企業由於各種原因，無意或者被迫地違背這一原則。用長期借款來融資流動資產，看起來似乎沒有任何風險，但是成本會成為負擔；用短期借債來購買固定資產，現金流會受很大影響，最糟糕的甚至可能導致破產，即資產負債的結構性破產，有利潤，但是沒有現金還債，這是最冤枉的一種破產，活生生地被債主逼死的。

負債的結構性問題是一種典型的對沖要求。關於對沖現象，在本書後面談到風險管理時還會再提到。

Story of Junk bonds

「垃圾債券」的故事

在美國的資本市場裡，融資通路主要有股票和債券，其中公司債券佔60％、政府債券佔20％，股票佔20％。與中國不同，債券市場是美國企業最重要的融資通路，財務槓桿被普遍利用。沒有負債，就沒有今天的美國經濟。

與跌宕起伏的股票市場一樣，債券市場也流傳很多傳奇的故事。最有名的就是「垃圾債券」事件。

所謂「垃圾債券」並不是指像垃圾一樣沒有價值的債券，而是指在投資級以下的債券，即在標準普爾和穆迪的信用等級裡從BB級到CCC級的債券，它的特點是風險大，信用沒有可靠保證，但是收益高。標準普爾和穆迪對投資的信用等級素來劃分很嚴格，甚至帶有些不可理喻的偏見，像中國四大國有銀行在標準普爾和穆迪的信用等級就一直被評為BBB級，最近才被上調為BBB＋。

20世紀七八十年代，美國產業進行大規模調整與重組。在新技術的推動下，傳統產業需要更新設備，新興產業不斷湧現，市場的重新洗牌需要大量資金，而這些企業在更新與重組的過程中，風險係數極大，商業銀行不可能完全滿足其對資金的需求。相比之下，用高額的收益發行債券來吸引資金，既可迅速籌資，加快調整步伐，又能分散籌資通路，轉嫁投資風險。

「垃圾債券」的用途從最初的拓展業務，逐步轉移到用於公司的兼併與收購上來。按照傳統的觀點，兼併收購往往是強者對弱者，資力雄厚的大企業吞食弱小企業。但是「垃圾債券」的出現，卻為逆向兼併收購提供了最為有效的途徑與手段。許多具有發展眼光的企業

家紛紛利用「垃圾債券」賜予的良機，以自己小額的自有資金，甚至不超過1％，從事超大規模的併購。這種利用發行「垃圾債券」來籌集資金對被收購公司的股權進行收購的行為，就是典型的「槓桿收購」或叫「資產重組」。

在此期間，「垃圾債券大王」應運而生。麥可．米爾肯（Michael Milken）曾被《華爾街日報》稱為「最偉大的金融思想家」，一度與J. P. 摩根齊名。米爾肯10歲時就幫助會計兼律師的父親整理支票，接觸納稅申報。從賓西法尼亞大學的華頓商學院畢業後，憑著對「垃圾債券」的興趣和瞭解，以200萬美元資本入手，最終在垃圾債券市場上獲利13億美元。

米爾肯對債券發行者進行了大量研究，尋找潛在的高獲利債券。他四處宣傳他的投資理念，說服投資者投資他所看中的高收益證券。而結果也往往如他所預料，投資人最初獲利豐厚。漸漸地，米爾肯的客戶開始增加。到1977年，他的業務已佔到「垃圾債券」市場份額的1／4。

20世紀70年代末，由於米爾肯的引領，高報酬的「垃圾債券」已經成為非常搶手的投資產品。米爾肯也開始從買賣已發行的債券，發展到為中小企業承銷和包銷「垃圾債券」。許多新興公司和高風險公司都是他的客戶，米爾肯的做法與現在的風險投資家們相似，不過現在的風投是在上市之前介入。後來有人說，美國20世紀80年代以來高新技術的發展，正是得益於米爾肯解決了高風險技術公司在資本市場的融資問題。一些大型電信公司之所以有今天，與米爾肯創造的

金融新產品息息相關。

　　但是物極必反，到了80年代後期，由於「垃圾債券」的過度投機和炒作，不少發行「垃圾債券」的公司開始出現資金周轉困難，無力支付到期的高額利息和贖回債券。違約與拖欠經常發生，過去對發行「垃圾債券」的公司提供擔保的商業銀行也紛紛撤回擔保，造成投資者一片恐慌，使「垃圾債券」的信譽降至最低點，「垃圾債券」市場崩盤。

　　1989年3月，米爾肯因涉嫌98條經濟罪被起訴。1990年4月，米爾肯服罪，同意檢察官提出的6項重罪指控，最終被判10年監禁，賠償和罰款11億美元，並被永遠逐出華爾街，不得再從事證券業。米爾肯的被罰金額，創下當時美國政府對個人被告課罰金額的最高歷史紀錄。

　　提前出獄後，米爾肯以教育服務為目標創建了知識天地公司，致力於全球的人力資源培訓與網路教育。他將自己的大量時間投入到了慈善活動中。

Living a life of liability
負債的人生

　　幾乎所有公司都說「人是最有價值的資產」（people are most valuable asset）。惠普的創始人帕卡德甚至提出一個定律，如果一個公司的收入增長的速度不及員工人數的增長速度，這個公司將沒有能

力可持續地發展下去。

那麼，人力資源到底是資產還是負債？

對於員工，中國人以前的習慣叫法是「人手」（handcount），對於人手的期望是要足夠，數量的多少很重要，工作量一多最直接的反映就是要增加人手。美國人喜歡叫「人頭」（headcount），對於人頭的期望不是數量而是質量，人頭要精要好，好的人頭可以以一當十。

由於人力資源的產出太不確定，早上起來，連你自己也不知道今天的貢獻會是多少，除了能力因素以外有時還得看當天的心情。按照財務保守原則的審慎要求，在可能獲得的利益和可能發生的損失之間，寧可承認可能的損失而不相信可能的利益。另外，資產的前提是擁有或控制。但是在企業裡，實際上企業並不真正擁有員工，控制也有限。因此，在財務意義上仍然把人力資源歸屬為負債而不是資產，更通俗地說就是人力成本。財務相當冷血地抹殺了你我的創造性即價值。

> ■ 企業裡，實際上企業並不真正擁有員工，因此，在財務意義上仍然把人力資源歸屬為負債而不是資產，通俗地說就是人力成本。

當然，也有一些公司例外。像明星俱樂部，明星是俱樂部的資產，比如曼聯隊（Manchester United Football Club）的超級球員們，以及簽約的歌手演員之類。至於那些跟在大明星屁股後面的助理們包括經紀人仍然還是負債。

還有一種就是網路公司。網路公司

很奇特，創建開始後相當長一段時間內它沒有利潤，沒有現金，資產幾乎可以忽略不計。但是，一個年輕的充滿激情的CEO往往能夠吸引到成百上千萬美元的風險投資。這些風投們看中的是網路公司裡有多少軟體工程師，看中的是管理層團隊，看中的是人。人在風投們眼裡是璞玉，不是負債，是最有潛在價值的無形資產。

Owner's Equity

所有者權益

所有者權益在商業開始時叫資本。
資本像幽靈一樣在世界上四處徘徊，
尋找任何可以增值的機會。

資本和創業

在商業的世界裡到處都是「錢」，但是，「錢」跟錢不一樣，有很多不同的名字。名字不同，性質也就不同；性質不同，含金量就會不同。創業者手裡的錢，就是資本，或者叫所有者權益。資本的含金量最高，同時風險也最大。

資本可以是創業者手裡的錢，也可以不是。創業者手裡的錢不夠時，就會產生融資的需要。融資有兩種辦法：可以借，也可以討。

要借錢，得要講信用。沒有信用，有抵押也行，否則借不來。不是說地主家也沒有餘糧嗎，銀行家不做無保障的貸款。

創業者一般都是既無信用（信用需要時間的考驗），也無抵押（抵押需要投資），這就陷入了先有雞還是先有蛋的困境中。怎麼辦？別著急，天無絕人之路，有一種人等在那兒，手裡拿著大把的錢。是放高利貸者嗎？

很多充滿道德理念的傳統宗教至今都不肯赦免放高利貸者的罪惡。因為，在多數人的印象裡這種人不勞而獲，並且貪得無厭。不過，這時候，這種人和他們手裡的錢，卻有一個很好聽的名字，叫「天使資金」。

天使資金撲扇著透明的翅膀來到創業者身邊。天使資金不是真有一顆天使的心靈。天使資金在創業者還沒有獲利，還在虧損的時候參與進來，目的只有一個，要求盡可能多的份額。

我在讀書的時候，與一個朋友一起創業，那時，就遇到過一位年邁的天使。據說，年輕時他曾經壟斷過馬來西亞的橡膠業。到現在，業務全部留給了幾個兒子。他信了佛，自己建了個廟堂，供佛。佛很小，但兩旁的黑白無常很巨大。

我們談了很多，現在已經不太記得細節了。事情沒有談成，天使飛走了。但是，天使扔下了一句話：「財分天下。」我覺得這是天使投資的真諦。

財分天下如何分？天使投資要分的份額最大。天使資金不用看財務報表，因為那時恐怕還沒有財務報表，也僱不起做報表的財務人員。

創業者繼續努力，商業活動越來越忙，簡單的財務報表終於可以做出來了。拿財務報表給銀行家看，銀行家不滿意資產負債表，認為資不抵債，背後意思是說沒有可供抵押的。不肯借錢，只能還是討。

這時，路上還有另一撥人在等著，是風險投資家（簡稱：風投），風投手裡有很多很多被代理人的錢。這些太多的錢就像糞肥一樣，堆在一起會臭得熏人。只有像農夫那樣，把它們散播出去，才會有好的收成。

風險投資可以不看財務報表，老實說，也沒有什麼好看的，連做假帳都沒有足夠的空間。財務狀況像一條山間的小溪一樣，淺薄得清澈見底。

風投們要看商業計劃，要聽故事，或叫商業模式。

商業計劃書有通用的格式，一般要五六十頁，前面兩三頁叫做概要。100份計劃書裡，95份風投們沒有能夠看完概要，就直接扔進廢紙簍裡了。原因很多，其中一個可能是文筆太糟糕。難怪有一個美國教授曾說，只有兩種專業教育背景的人才適合讀MBA，一是學過社會學，二是文學。要創業，不僅人緣要好，而且文筆也要好，要會寫故事。

剩下的5份商業計劃書被勉強讀完了。接下來才正式開始初選，然後是審慎調查研究，最終進入談判階段的只剩下半個創業者了。

天使投資、風險投資都屬於股權投資，是要與你分享所有權的。銀行家不同，是債務投資，從不跟你提財分天下的事，銀行家沒那份貪心，只提欠債還錢。可惜，很多企業最後正是被債務逼垮的。

企業繼續發展，創業者成了企業家。企業家的想法開始多起來了，自己公司的財務報表看膩了，就開始覬覦別人的，於是，開始收購兼併。直到有一天，發現銀行的錢也不夠用了，像輪迴一樣，開始IPO（公開募股），上市發行股票，進行更大規模的股權融資，此處，就要講個更大的故事了。

Story of amazon.com

亞馬遜公司的故事

以上的創業模式在現實中不勝枚舉。比如，神話般崛起的亞馬遜公司－－

　　1994年7月，傑夫‧貝佐斯（Jeff Bezos）辭去華爾街基金公司副總裁的職務，在西雅圖一個郊區的車庫裡創建了亞馬遜公司，他個人投資1萬美元，向親戚朋友借了4.4萬美元。這時，車庫裡只有4台電腦，如果要算股價的話，是0.1美分。

　　1995年2月，傑夫的父母向亞馬遜投入一大筆資金，245,500美元，這時的股價漲了，變成0.17美元。

　　1995年8月，天空中飛來兩個帶翅膀的投資人，投資了54,408美元，相當於股價0.23美元一股。

　　1995年12月，天空中呼啦啦飛來20個帶翅膀的投資人，組成天使投資集團，就是辛迪加，投資了937,000美元。股價為0.33美元。

　　1996年5月，傑夫的兄弟姊妹也參與進來，投入了2萬美元。股價保持為0.33美元。

　　1996年6月，兩家風險投資公司一起投下800萬美元。股價漲到2.34美元。

　　1997年5月，亞馬遜公司上市，股票發行價為18美元。發行300萬股，融資4,900萬美元。傑夫‧貝佐斯的故事編寫得太好了，這時公司還沒有獲利。

　　1997年12月，亞馬遜公司股票市場價為1,327美元，不得不分拆兩次，否則單價太高了，小股民買不起。同時發行3.26億美元公司債券，還清7,500萬美元的銀行借款。……

　　網路的無限空間給了投資者同樣尺寸空間的想像。實際上，亞

馬遜也真做到了。除了暢銷書外,亞馬遜還賣那些過去根本賣不動的書,甚至賣得比那些過去可以賣得動的書多得多。

到2002年年底全球已有220個國家的4,000萬網民在亞馬遜書店購買了商品,亞馬遜為消費者提供的商品總數已達到40多萬種。2002年前3個季度還沒有獲利,淨虧損額為1.52億美元,2002年第4季度的銷售額為14.3億美元,實現淨利潤300萬美元。從此以後,獲利不再是傑夫擔心的問題了。

2004年8月20日,亞馬遜宣佈在中國以7,500萬美元收購卓越網,使其成為亞馬遜全球第7個站點。至此,所有的資本投資人都獲得了超額的報酬,天使們帶著沉甸甸的錢袋心滿意足地飛走,去尋覓下一個亞馬遜。

Chapter 04 ··················所有者權益

Realization of Revenue

收入的實現

大半假帳都與收入實現有關。
收入實現在形式上要符合一些基本原則，
實質上要具備真正的商業意義。
一句話，
實質重於形式。

古時候，有一個楚國人不小心丟了東西，接連好幾天心情都很鬱悶。朋友知道了，便勸慰他道：「算了算了，楚國人丟了東西，也是楚國人拾得，想開吧，沒什麼損失的。」即所謂「楚人失，楚人得」。這事很快被一位年輕時曾做過財務的聖人知道了，他就是孔子。他說，最好把楚國兩字去掉，即「人失，人得」。這是典型的資產負債平衡關係。似乎這還不是盡頭，楚國人丟東西的事最終傳到了一個偉大的哲學家耳朵裡，他就是老子。老子很快把這事昇華到哲學的高度，把「人」也去掉了，即所謂「失即是得」。

商業活動本是滾滾紅塵中最物質化的部分，能夠昇華到孔子的境界足夠了。實際上，孔子所說的「人失，人得」與財務裡的一條基本原則暗合。這條原則是我在幾家跨國公司做財務管理時，與各種官僚體系以及各類不合理的財務政策抗爭的最有效的工具。原則很簡單，即透過表象看實質，或者說實質重於形式。這一原則的最典型的應用就在於收入的實現上。

Revenue ≠ cash

收入不等於現金

現金可以是收入，也可以不是收入；

收入可以是現金，也可以不是現金。

看看下面這段蘇格拉底式的關於收入概念的對話－－

問：「什麼是收入？」

這問題太簡單了，答案張口就來：「收入不就是指已經收進來的錢嘛！」

再問：「所有收進來的錢都是收入嗎？」

答：「當然是。」

問：「借來的錢呢？」

答：「借來的錢不是，借來的錢是要還的。」

問：「對，借款是負債。如果銷售合約剛簽完，客戶預先支付的訂金，或者說您的預收款呢？」

答：「當然算收入。現金都收進來了呀。」

問：「但那不是你的錢呀。預收款的性質也是負債，因為產品或者服務還沒有提供給客戶。！？」

答：「那它就不算收入。」

問：「只能稱未實現的收入。公司為了使客戶有100％的滿意度，允許客戶有退貨的權利，這時收進來的錢能算收入嗎？」

答：「如果可以退貨，那就不應該算收入。」

問：「可見，不是所有收進來的錢都是收入。另外，沒收進來的錢能算收入嗎？」

答：「沒收進來的錢當然不能算收入。」

問：「對客戶應收帳款呢？按照合約，產品或服務提供給了客戶，如果客戶不付款，你可以上法院起訴。」

答：「追討應收帳款是公司的權利，應該是收入。」

問：「這麼說，這些沒收進來的錢也能算收入。」

答：「是的。」

問：「如果對方的信用很不確定，應收帳款收不回來，或者即便打官司打贏了，客戶根本沒有能力付款，這時候的應收帳款能記錄成收入嗎？」

答：「……好像不能。」

問：「那麼，到底什麼是收入？」

答：「……！那麼，您說，什麼是收入？」

這種對話經常發生在財務人員與非財務人員之間。收入似乎是一個人人都熟悉的概念，但似乎又有很多理還亂的困惑。

在財務意義上，收入的嚴格定義是指企業因為提供產品和服務而實現的所有者權益的增加。所有者權益是除去負債的淨資產，而現金只是資產的一部分。因此，現金可以是收入，也可以不是收入，收入可以是現金，也可以不是現金。

> ■收入何時實現，實現多少，只是財務的技術問題，收入的根本問題是收入的質量。

儘管兩者之間存在著緊密的聯繫，但是，在本質上，現金和收入是兩個不同的概念。它們背後代表的是兩種記帳原則的區別。

一種是古老的現金收付制，記錄收入、費用都以現金的進出為標準，現在這種方法仍在一些小企業和家庭裡使

用，黑社會的記帳方式據說也是堅持現金為主。

另一種原則是權責發生制，根據商業活動發生時權利責任的轉換來記錄收入和費用，不管現金是否收到或付出。因為權責發生制更看重的是交易的實質，能提供更完整真實的商業信息，因此它已經成為現代財務體系的基本原則。

法律有程序法與實體法的區別，前者看重流程形式，後者看重的是實質上的一致。財務的權責發生制遵循的就是類似實體法的「實質重於形式」的原則。「實質重於形式」強調的是本質上權責交易的性質歸屬，而不是表象上的形似。

根據權責發生制，企業收入的實現需要滿足以下5個基本條件：

1. 要有合約，即法律意義上的協議；

2. 協議裡要有明確的金額；

3. 產品提供或服務完成，賣方的責任履行完畢；

4. 確信欠款能收回；

5. 產品或服務的成本能明確記錄。

這5個基本條件聽上去都很簡單，但執行起來卻有很多灰色地帶，很多時候需要人為判斷。

要有協議似乎是很容易的一件事，但是如果協議的另一方是關聯企業，就會產生類似乾坤大挪移的自身循環銷售的問題。有時候銷售人員為了簽單，在白紙黑字之外，又會一時興起在口頭上信誓旦旦地承諾一些連自己都不相信的條件，在正式合約之外出現了需要履行某些承諾過的口頭合約。有的客戶信以為真，以為大象真的能跳舞，

其後果是直接影響收入實現的質量。

　　要有合約金額，似乎這也很簡單。但有時合約中的小體字，會補充說明這一金額是在一定條件下同意的，比如是到岸價（CIF）還是離岸價（FOB），這時的收入就必須在這些條件滿足的情況下實現。還有一種是通過寄售的方式銷售，條件是貨賣完再清款，這時的清款金額決定收入實現的金額。

　　賣方的責任要完成，實際操作起來也大有玄機。有些需要安裝調試的產品，如果只是把貨物轉移到經銷商的倉庫，這就並沒有完成最終的銷售循環。有時，貨物還在自己倉庫裡，通過一紙協議，買方甚至可以委託賣方代管，甚至代買保險，這時的銷售過程實質上並沒有完成，不能成為收入。

　　買方要有付款能力，就更不好判斷了。怎樣判斷客戶的信用？按照信用的衡量標準，客戶的品質佔第一位，但是如何恰當地評價一個客戶的品質呢？許多客戶常會因人而異有選擇地維護自己的信用形象。在具體的業務過程中，比如有些客戶的資金來源不確定，一筆銷售是否能夠完成可能取決於客戶能否從第三方獲得資金，或者客戶能否把產品轉售給第三方，這些情況下收入都不應該在銷售時確認，因為購買者的支付能力值得懷疑。

　　成本要確定。對於產品銷售，相對容易些；對於服務型的公司，比如諮詢公司，通常利用服務時間來測算服務成本，但是，哪些是有效的可收費服務時間往往是合約執行時發生爭議的地方。

　　收入實現的時間是當收入的這5個基本條件都同時滿足時，實現

多少取決於滿足這5個條件的金額。行業不同，收入計算的方法也不一樣。

在軟體公司工作時，我的一項重要工作就是確認收入。軟體公司的產品包括軟體、安裝、升級維護、培訓以及諮詢服務等。一般情況下，軟體收入必須在安裝後才能實現，維護隨著時間的推移逐月實現，而培訓和諮詢則在完成或者標誌性階段（即Milestone）完成驗收後才可以實現。軟體業按照特有的價值分配計算方式（VSOE）記錄收入，單是關於VSOE的原則和解釋就是厚厚一本書了。

對於允許客戶退貨的企業，一般情況下，如果對在退貨期限內客戶的退貨數量沒有確定的把握時，銷售的確認就必須等到退貨期滿。

我在北京工作的時候，曾經住在SOHO現代城。現代城在建築過程中由於無意中使用了一些不太好的建築塗料，走廊裡能聞到一些不太好的氣味。當時很多業主與開發商打官司要求賠償。現代城的SOHO概念在北京非常成功，開發商發現市場的需求出奇的好，於是推出零條件的退房政策，甚至還補貼，結果很少有人真正退貨。這樣的可退貨銷售可以記為收入。現在的一些大型超市也有類似購買後7天內可無條件退貨的政策，這時候就必須根據退貨的平均比率比如說2％（100個人裡有兩個要求退貨）來預提退貨準備金，這時記錄的銷售收入額就是減去2％準備金的售貨款。

我在美國時曾在一家石油設備公司工作，有時我們會為客戶購買一些第三方生產的設備，像一套連續油管，加上幾套防噴器，動

輒就要100多萬美元，而我們實際的收入只是在此之上10％的加價收入，只有大約10萬美元，這筆收入才對我們有意義。

我曾與中國移動公司的同行探討過收入確認原則。在中國移動公司裡，收入確認這樣規定：使用費在服務提供後確認；月費在服務提供後確認；連接費在款收到時確認；分期付款的銷售按直線分攤法在使用期內逐月實現；SIM卡和終端機在貨物發送給客戶後確認收入。

收入何時實現，實現多少，只是財務的技術問題，收入的根本問題是收入的質量。《聖經》上說，應該屬於你的總歸是屬於你的，不該屬於你的總歸不屬於你。有些交易還沒有成熟，過早地記錄那些尚未成熟的銷售不僅帶來應收帳款的人為增多，而且日後被迫取消的風險也很大。事後修改收入是財務上的最大忌諱，因為它傳遞著一種失信的信息。

收入確認原則可以用一句俚語來歸納就是：在小雞還沒有孵化出來之前，先不要忙著數以後可以收穫多少雞蛋。

The revenue in the creative accounting
創意會計中的真假收入

希區考克的懸疑電影使用了大量的蒙太奇手法，產生了奇特的意想不到效果。一把高舉的刀跟一張受到驚嚇女人的臉原本是兩個完全獨立的鏡頭，但是連在一起就是一個謀殺的經典場面。蒙太奇是電

影裡的一種剪輯技巧，把兩個本不相干的場景拼湊在一起，利用觀眾潛意識的聯想和想像，產生強烈相關聯的結論。創意會計多半用的也是這種作假的方法。

在1990年以來被中國證監會公開查處的上市公司造假案中，有一多以上的財務造假方式與收入實現有關，例子多到不勝枚舉。有的是過早地記錄收入或記錄有問題的收入，有的甚至直接偽造收入。還有混淆主營收入和一次性收入，將一次性所得，比如出門在路上撿了一大筆錢，記作日常經營收入，這樣就會給人一種錯覺，以為這種守株待兔的好事天天會有的。

許多公司的崩潰，起因不是因為收入變少、虧損，而是因為利用各種手段在財務報表上「賺取」了額外的收入。

「壓貨」是通路銷售中製造收入的常用辦法。生產廠商與代理商勾結在一起，或者說商業合作，在年底需要收入的時候，把超過正常需要的庫存從廠商轉到代理商。到第二年年初，代理商尋找各種借口，比如質量問題、服務問題等再要求退貨。反正是賒帳，不用付錢的，廠商也會半推半就地接收退貨。還有一種是更直接的空穴來風、像購買死魂靈一樣偽造銷售合約，買方有名有姓有住址，但就是壓根兒不存在，帳上永遠掛著應收款。

有的軟體公司就曾經在年底的時候向代理商運送空的包裝盒，裡面並沒有光碟或者隨便放一些其他光碟。代理商仍然簽定簽收報告，使軟體公司完成收入任務。幾個月後，軟體公司通知代理商，聲稱由於物流配送的工作失誤，發錯了貨，現在將正確的光碟重新發

送。

　　朗訊公司曾大量借錢給客戶，使客戶有能力向公司採購，用這種辦法來提高銷售額。一些企業通過混淆會計期間，把下期銷售收入提前計入當期。塗改銷售合約日期是最常見的辦法。特別是在年底時，時間彷彿永遠停滯，元旦都過去好幾個星期了，銷售合約的簽署日期仍然是12月31日。

　　還有互借收入。網路公司為了成功上市或更大限度地融資，自然希望能把收入「做」得越大越好。網路公司之間通過互相交換網上廣告，可以幫助雙方提高收入。當然為了做得高明，甚至是多個網站之間進行比較複雜的交易，讓會計師事務所的專家也看不出來。

　　有的地方商業銀行能夠讓100萬元的貸款業務變成200萬元甚至300萬元。首先銀行發放給貸款企業的不是現金而是銀行承兌匯票，並以此作為質押，再貸出100萬元的現金，同時，要求企業的往來資金必須存在商業銀行裡，以增加銀行的儲蓄。

　　在收入上做手腳是創意會計的常見現象。不過，辨別這類創意手法也不難，工具就是利用實質重於形式的原則，因為企業的各項財務數字之間存在著一定的勾稽關係，如果這種慣常的勾稽均衡關係被打破，比如企業銷售收入大幅增長沒有引起現金和銷售費用上升，或者總是伴隨著應收帳款巨額增加，則可能預示著財務造假的存在，或者公司收入質量存在問題。

Talking about Cost

Chapter 06 話說成本

有什麼樣的目的，
就有什麼樣的成本。
做正確的事是戰略成本，
把正確的事做正確是執行成本。
成本最小化從來不是企業存在的目的，
也不是成本管理的宗旨。

形形色色的成本

　　科學家發現，人類的創造性來源於大腦右半邊的快速活動，右腦負責形象思維和感性活動，藝術家們就是靠右腦工作的。無怪乎我們會發現，很多創造力強的人大多都有藝術氣質。很多優秀的企業家不僅能錦上添花，更能夠枯木生花，把看似不可能的事變成可能，使原本不存在的東西存在，改天換地可以在翻手為雲覆手為雨之間完成。財務人員的左腦發達，總是想到實際困難，經常在別人激動得心潮澎湃時潑冷水，讓人掃興。不過，很多創造無法實現，其中最大的原因，就是不小心忘記了考慮困難，即成本。

　　成本，通俗地講，就是通常所說的「本錢」，是為了達到某一個特定目標而發生的資源耗費。美國人常常把三件事列為一個人一生中成本最高的投資活動：教育、房子和車子。在中國，可能還要加上——關係。

■成本支出只是實現企業目標的手段。成本最小從來就不是目的。沒有一家公司是以減少成本作為企業存在最終目的的。

　　成本在這裡是廣義的說法，在財務報表中銷售、管理以及研發等成本又叫做費用，這時的成本就特指產品的生產成本。廣義的成本吃掉了企業收入的80％～90％甚至更高，企業管理的關鍵也就是成本管理。所以，成本會計也叫管理會計。管理會計與財務會計的最大

區別是：後者主要對外（如投資者）服務，前者主要對內（如管理層和員工）服務。

　　成本的分類很多，為了不同的目的可以有不同的成本。成本可以是有形的，也可以是無形的，比如不暢通的溝通。

　　現代企業組織結構的最大弊病是組織結構之間無處不在的空白區域，就像國畫中預留的飛白一樣，部門之間的溝通變得異常困難（見下圖）。要做成一件事，需要幾個部門的共同合作，就需要跨越這些部門之間的空白區域。在空白區域內的溝通成本巨大，這些成本不僅包括時間、金錢，甚至還有感情在內。

組織結構圖

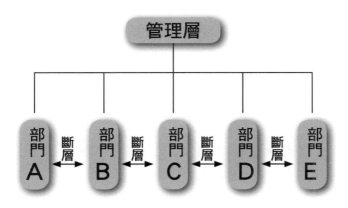

　　維珍航空公司和維珍集團的創始人理查德・布蘭森（Richard Branson）說：「一旦人們開始不認識同一辦公大樓裡同事的時候，

企業開始變得不人性，這時就需要重組，我理想中的一個企業規模應該限制在50～60人之間。」當然，維珍集團的員工遠超過60人，但理查德‧布蘭森將其分解成若干個小的利潤中心，給予充分的授權，以提高組織的效率。

另外，等待也是一種成本。等待工作的上一個流程、等待老闆簽字、等待開會、等待改變人生的機遇、等待「果陀」，都是成本。

說到成本管理，最直接的反應似乎就是成本越少越好。美國前財政部長羅伯特‧愛德華‧魯賓是個金融界的天才，他曾做過高盛公司的合夥人，也曾擔任美國芭蕾舞劇院董事。當美國芭蕾舞劇院的財務狀況遇到困難時，魯賓竟向董事會建議把《天鵝湖》中飾演天鵝的人數減少10％，認為這有助於節約劇院的經營成本。當然，魯賓的提議毫無疑義地被董事會一致否決了。即便從非財務的角度來看，這種削減成本的辦法也是很菜的。

泰勒的科學管理理論是建立在勞動力的有效利用和控制基礎上的，傳統的成本管理考慮的也就是如何使成本最小化。但是，實際上，成本支出只是實現企業目標的手段。成本最小從來就不是目的。沒有任何一家公司是以減少成本作為企業存在的最終目的的。像每天需要呼吸一樣，成本管理是每天都要做的事。好的成本管理是要提供合適的成本信息，創造一個有利於控制和削減成本的環境。

■好的成本管理是要提供合適的成本信息，創造一個有利於控制和削減成本的環境。

Do not offer me things
不要賣給我任何東西

戰略是指做對的事情，戰略成本是制定正確的戰略的代價。

有個人到朋友家裡做客，看見主人家灶台上的煙囪是直的，而且旁邊又堆有很多木材，他便告訴主人說，煙囪一定要改彎曲，木材必須移去，否則將來可能會有火災。主人聽了沒有做任何表示。不久後主人家裡果然失火，四周的鄰居趕緊跑來救火，最後火被撲滅了，於是主人烹羊宰牛，宴請四鄰，以酬謝他們救火的功勞，但是並沒有請當初建議他將木材移走、煙囪改彎曲的那個人。有人對主人說：「如果當初聽了那位先生的話，今天就不用準備筵席，而且也沒有火災的損失，現在論功行賞，原先給你建議的人沒有被感恩，而救火的人卻是座上客，真是很奇怪的事呢！」主人頓時醒悟，趕緊去邀請當初給予建議的那個人來吃酒。

這就是曲突徙薪的故事。可惜，很多人眼裡只看見救火的人。

制定正確的戰略，做對的事情，需要遠見，還要有明查秋毫的洞察力。這話說起來簡單，可是怎樣才能制定正確的戰略呢？

我覺得有一種辦法也許可行。就是先找準誰是你的真正客戶，然後深刻地想透（think through）你的客戶的真正需求，這樣你自然就知道哪些事是對的，哪些事不對，哪些該做，哪些不該做了。

滿足客戶的需要是企業存在的目的。企業獲利的根本方法不是通過產品，而是通過產品能滿足客戶的需要，這是戰略成功的關鍵。

　　成功的牛排館說：「我們賣的不是牛排，我們賣的是烤炙牛排的聲。」油漆商說：「我們賣色彩不賣油漆。」全錄說：「我們賣的不是影印機，是文件解決方案。」VOLVO將自己定義為，「世界領先的商業運輸解決方案提供商，而不是車輛的供應商。」宜家說：「我們賣的不是傢俱，我們賣的是家的溫馨。」星期五餐廳也說：「我們賣的不是美式食物，而是那種TGIF（Thank God, It Is Friday—感謝上帝今天終於是星期五了）的感覺。」弗雷曼・海尼根說：「我不是銷售啤酒，我銷售熱情和歡樂。」他甚至提議用方瓶裝海尼根啤酒（Heineken），這樣，啤酒喝完後，可以用瓶子在貧窮的國家蓋房子。化妝品公司向來以高額利潤著稱。化妝品公司說：「我們在工廠生產的是化妝品，但是在店舖裡我們賣的是希望。」希望的代價向來高昂。中國曾經風靡一時的礦泉水壺製造商們後悔地說：「我們當初只想到賣礦泉水壺，沒想到應該賣礦泉水才對。」

　　不要賣給我任何東西

　　不要賣給我任何東西。

　　不要賣給我衣服，賣給我魅力的外觀。

　　不要賣給我鞋子，賣給我足下的舒適和行走的愉悅。

　　不要賣給我房子，賣給我安全、舒適、整潔和快樂。

　　不要賣給我書，賣給我幾小時的愉悅和知識的獲益。

不要賣給我音樂CD，賣給我忘我的境界和天籟之聲。

不要賣給我工具，賣給我動手製作美麗物件的快樂和成就。

不要賣給我傢俱，賣給我居所的溫馨和安寧。

不要賣給我任何東西，賣給我情緒、氛圍、感覺和獲益。

所以，求求你，請不要賣給我任何東西。

客戶從來不買產品，客戶購買的是自己需要的滿足，客戶購買的是產品背後的價值。蘋果公司開創了個人電腦的巨大市場。但是，IBM後來居上，數十年來成為市場的領導者。IBM曾經花了18個月的時間研究個人電腦消費者的需求，跟蘋果公司相比，IBM只是為消費者多提供了一樣東西，就是軟體。麥當勞從不賣三明治，但是它的獲利模式卻是三明治式的。麥當勞從房地產商那兒廉價租或買商舖，然後轉租給加盟店主。由於品牌優勢，麥當勞入主的加盟店會迅速提升所在街區的房產價值。麥當勞的年報中很大一塊收入來自房地產，而不是漢堡。

孫子兵法說，「不戰而屈人之兵」是戰略的勝利，戰爭本身則是戰略的失敗，經營的最高境界是贏在戰略上，而不是一城一池的戰術上。在生活中也是這樣。所謂「賺錢不辛苦，辛苦不賺錢」，或者說「買藥的錢捨不得，買棺材的錢倒是大把的有」就是這個道理。在美國，有一種類似的說法是：「人人都知道最好的律師是昂貴的，但是實際上次等的律師更昂貴。」因為僱用次等的律師雖然收費不高，但是敗訴的機率即總成本高了許多。

羅斯・佩羅的 EDS

戰略是一種實踐智慧，戰略成本與商業實踐密不可分。

我早在美國讀書的時候，羅斯・佩羅（Ross Perot）的名字就已經如雷貫耳了。1962年，佩羅從妻子那兒借了1,000美元開始創建「電子數據系統」公司即EDS，後來被通用汽車公司收購，成為通用的專業IT部門。但是佩羅與董事會不合，他無法容忍通用龐大的官僚體系，於是離開通用汽車，EDS獨立上市，其主營業務是IT外包服務。EDS很快便與一些大的集團公司以及美國國防部和醫療保健等政府機構簽訂了長期的IT外包服務合約。EDS高速成長，很快進入世界500強公司，後來收購了做諮詢的科爾尼公司和PLM（產品生命週期管理）軟體公司。

羅斯・佩羅個子矮小，但是生命力極其張揚。他曾兩度以無黨派人士身份參加美國總統的競選，他在媒體上的身份就是來自西部德州的億萬富翁。佩羅是政壇上的牛虻，他強烈抨擊政界的腐敗。曾有記者問他如何平衡美國的財政赤字，佩羅說：「平衡赤字很簡單，我只需要開一張我的個人支票就可以了。」佩羅最終沒有當選，但是因為他使得10％的選票分流，使得當年科林頓獲勝。

佩羅對無所作為的官僚體系深惡痛絕。1979年，伊朗發生人質事件，其中有兩名EDS的員工被扣做人質。美國外交部多次與伊朗官方交涉，但是都毫無結果。佩羅無法容忍美國政府機構的拖沓和無作

為，自己從民間招募了一群美國陸戰隊的退伍老兵，租用了一架過時的軍用運輸機，直接飛抵伊朗德黑蘭，組織越獄行動，成功地將兩名EDS員工從監獄中營救出來。這一「藍波式」的創舉使佩羅一下子成為英雄。《The Wild Geese 》（台灣片名：野雁突擊隊）的電影就是直接取材這一事件，當然，跟許多史詩的演義一樣，主角最後成了退伍老兵，這樣觀眾更有共鳴。

我在EDS工作的時候，雖未親睹佩羅，但是聽過他不少的傳聞。有時看到那些人高馬大的美國高層管理人員談起佩羅時戰戰兢兢的樣子，無怪乎美國《時代》週刊曾把個頭矮小的佩羅列為改變人類歷史的十大企業家之一。（佩羅排名第九。第八位是麥當勞的雷·克羅克，第十位是蘋果公司的賈伯斯。）

EDS的商業定位獲得很大成功，特別是對於歐美國家的大公司，建立和維護一個IT部門非常昂貴，將IT外包，集中資源和精力經營自己的主營業務，無疑是個聰明的戰略選擇，這就使得EDS在市場上快速成長。但是這種商業模式在中國卻遇到了很大的挑戰。

我在EDS的軟體公司工作的時候，按照EDS總部的戰略要求，我們將自己定位為「產品生命週期管理的解決方案的提供商」。與此戰略相對應，我們不僅提供軟體使用的培訓、維護，還要提供軟體背後的管理服務等等，因為我們相信，客戶買軟體的目的不是軟體本身，而是產品的生命週期管理。

然而，在很多發展中國家，這一戰略定位遇到來自消費者市場的巨大挑戰。比如在中國，我們的服務工程師按天收費，每天最低報

價在650美元以上，而客戶多半是中國的製造工廠，廠長、總經理一個月的薪水也沒有這麼高。中國的軟體客戶目前需要且願意負擔的是技術，而不是服務。對於EDS中國來說，銷售服務的收入很不理想，利潤也遠不如軟體。最終，在2004年，公司將自己重新定位回軟體公司，將所有的資源投資在軟體的開發和銷售上，服務逐漸通過外包由客戶選擇購買。

「我們沒有流血，卻都已犧牲」

2001年，西門子認為「行動電話市場已經迎來設計革命。遊戲規則已經改變。」款式和設計決定產品的價值，相對而言，技術和功能已經基本成型，不再是吸引消費者的主要因素。於是西門子設計了Xelibri手機，並認定Xelibri將會瓦解現有的手機市場，使行動電話進入時尚佩飾時代。Xelibri的定位就是一種佩飾，只不過它碰巧能通話而已。

由美國人提供戰略諮詢，英國人設計，在中國生產，意大利廣告公司負責廣告製作和展台設計，德國人提供技術支持和財務控制，團隊由一個美國人領導。Xelibri計劃每年推出季產品—春夏季和秋冬季，每季產品有一個主題，包括四種款式，消費者可以根據自己的心情更換手機。每款手機的市場生命週期為12個月。

Xelibri的營銷通路與西門子的其他手機完全不同，只出現在時尚

專賣店，如上海的正大廣場、新天地和淮海路等時尚街區，努力在娛樂圈建立知名度。

2003年初，Xelibri的首季發行地為德國、英國、法國、意大利、西班牙、新加坡、中國。在中國市場上推出的四款手機價格分別為2,100元、2,080元、3,780元和2,680元，都是黑白銀幕。Xelibri被譯為「好明天啊」。但是明天並非想像的那般美好。

2003年的市場推廣費為5,000萬元，銷售目標70萬台。但是，實際銷量每月單款從未超過3,000台。消費者並不接受黑白銀幕的配飾手機，就好像當彩色電視進入人們生活後，沒有人再願意看黑白電視了一樣。2003年10月，Xelibri開始大幅降價，四款手機的價格分別降為900元、1,000元、1,500元和1,100元。早先娛樂圈的機主們突然有種被娛樂了一把的感覺。

2004年，明天不再美好，Xelibri由於戰略定位失敗，淡出市場。今天，再也難以覓到「好明天啊」的蹤跡。

Story of Chat Tea House
「一茶一坐」的故事

IDG是風投公司，主要投資於IT領域，包括搜狐、百度、攜程等。風投公司追求高報酬率，對於傳統行業IDG向來不感興趣。

但是在2005年10月，IDG投資了一家中餐館，就是「一茶一坐」。「IDG看中你們什麼？」我的朋友剛從麥當勞的管理層跳槽到

「一茶一坐」。

　　「看中我們像經營麥當勞一樣經營『一茶一坐』。你知道，中餐館的最大挑戰是中餐的烹飪，很大程度上依賴於廚師的個人技藝，廚師換了，飯菜的味道一定變。廚師今天心情不好，做出來的菜味道也受影響。『一茶一坐』要想規模經營，以後上百家店該怎麼辦呢？

　　培養更多更好更忠誠的廚師嗎？這已經被證明不是個長期的好辦法。最好的解決方案是不要廚師，或者最多只要一名廚師，這樣才有可能標準化、規模化。」

　　「一茶一坐」採用麥當勞式的中央廚房模式，在上海郊區建立了自己的中央廚房生產基地，可以為24小時車程內的餐廳配送幾乎全部品種菜式的半成品，通過急速冷凍以保證其新鮮度。在餐廳內，操作工只需按照操作規範將半成品進行簡單的加熱和組合，即成為熱氣騰騰的各種煲類。因此餐廳可以拋棄廚房和廚師，代之以操作間和操作工，把複雜、藝術化的中餐烹飪變成了標準化的工業製造過程。

　　「一般的中餐廳，廚房要佔掉店舖總面積的一半，我們不用，廚房面積只有人家的一半左右，這樣固定成本就能降低很多。沒有了廚師，廚房的人工成本也節省了。」

　　「但是，利潤呢？IDG要的是高額利潤。」這是我最關心的問題。

　　「我們借鑒星巴克咖啡廳的經營方法。中餐的毛利潤在50％左右，但是飲料、茶在90％以上。我們一定要賣茶才有高額的利潤。我們做中餐的目的就是為了賣茶，就像星巴克賣咖啡一樣。你看，我

們店內的所有顏色，包括桌椅、沙發、餐具，甚至牆壁，都用不同茶的顏色。我們在刻意營造一種中國的茶文化。我們的茶品是特製的，我們的茶具也是專門設計的，外面買不到。況且，只有茶飲是不受用餐時間限制的，可以最大限度提升店舖的利潤空間。」

「還有，你想得到的，我們會向海外發展，會把我們的茶餐廳開到日本、韓國、馬來西亞、新加坡，當然還有美國。我們將成為第一家在納斯達克上市的中國的餐飲公司。IDG關注的並不是什麼行業和高科技，IDG要的只是報酬，所以，當然會投資給我們啦。」

「一茶一坐」自2002年在上海新天地開張以來，迅速複製，單在徐家匯的十字路口就連開了三家，在杭州、蘇州、慈溪等其他二類城市的複製速度更快。

Story of little old tree
小老樹的故事

小老樹長什麼樣？我也沒有見過。

一般來說，種子發芽，從小樹苗成長為大樹苗，陽光雨露哺育它，最終成為參天大樹。但是，有的樹長了很久，但是總也長不高，以至於都快老了還是一株小樹。這是一個做小企業的朋友給我打的比方。

這家企業專門幫人做展會。展會不是每天都有的，這位朋友的企業常常是餓一頓飽一頓的，做了好多年，可總也長不大。

我去了這位朋友的辦公室，在一間商住兩用的大樓內。本來朋友要請教我成本控制的問題，後來我發現，他的成本控制得太好了，我無從教起。

　　我們開始討論：小樹如何能在沒老之前先長大？

　　這是很多創業期的小企業都會遇到的問題。像人一樣，小樹長大的唯一辦法是要有一個快速的成長發育的青春期。這段時間內，要的不是循規蹈矩的成本控制，或者公司治理的煩瑣制度，而是需要創造性的思維能力和做事方式，要的是一種創新精神。這種近乎叛逆的創新精神會幫助企業挖掘到真正的客戶，和客戶的真正需要。

　　在大企業裡，一般是下級員工在負責日常的常規業務，中級管理人員在思考和研究對常規業務的不斷改進，只有高層管理人員在花大部分時間思考如何創新，如何開拓新的業務。在大企業裡，等級和秩序很重要，沒有它們，就沒辦法生存。而在小企業裡，每個人都有機會也應該去思考創新。也許，從控制的角度來說，會有些亂，但是沒有混亂，就沒辦法創新。行為必須有疆界，但是，思想是自由的，應該沒有疆界。

　　於是我們邀請了所有員工一起討論。我提起我最喜歡的一個充滿商業智慧的故事，就是田忌賽馬——

　　身體殘疾的孫臏幫助田忌與王爺賽馬，田忌的馬再好也比不過王爺的馬，本來是一點勝算也不可能有的。但是孫臏教田忌創造性地把馬分類，用自己的下等馬和對方的上等馬比賽，用自己的上等馬和

對方的中等馬比賽，用自己的中等馬和對方的下等馬比賽，這樣就可以在三局兩勝的競爭中獲得最終的勝利。孫臏的智慧是在一片混沌中冷靜地尋找或者創造正確的、可以打敗的對手。

如果你的對手找對了的話，你肯定贏，而且會贏得很輕鬆。轉移戰場，改換對手，拋開展會這種形式，我們突然發現還有很多辦法可以幫助客戶達到想要的目的了。企業小的最大好處是反應靈活，機動性強。這是小樹有可能在變老之前長大的有利條件。

The operation cost like cholesterol
視執行成本如膽固醇

毛澤東說過，路線決定以後，起決定作用的是幹部因素。戰略制定後，接下來的關鍵是執行問題。執行成本也叫執行費用，包括日常的所有費用支出，如研發費用、銷售行政費用、人工費用，以及壞帳的預提、固定資產的折舊和攤銷。

管理執行成本不僅是財務的任務，更是所有幹部的任務。而要管理好執行成本，首先要分出好中差、左中右來，弄清楚哪些是好的執行成本，哪些是不好的執行成本。

這就像人體內的膽固醇一樣，標準

> ■ 管理執行成本不僅是財務的任務，更是所有幹部的任務。而要管理好執行成本，首先要分出哪些是好的執行成本，哪些是不好的執行成本。

的膽固醇讓你健康、有活力，超標的膽固醇阻塞你的血管，影響你的健康和生存。好的執行成本能使業務更強大，帶來更高的投資報酬；不好的執行成本不僅損害利潤，而且使企業喪失很多好的商業機會。比如企業內部不必要的官僚體制，就像人體過剩的脂肪，既消耗營養又增加負擔。人體增加幾公斤不難，但是要減少幾公斤卻相當不容易。

當然，對於公司的一些自然開銷來說，當你在這裡削減這種支出的時候，它一定會在其他某個地方擴大激增，如同地毯下有一條蛇，無論你怎麼弄都無法使地毯整平，壓下這邊，那邊又會鼓起來。

如何管理好執行成本呢？我的一個「大概齊」原則是在收入增加的時候，注意費用不要同速增加；而在收入減少的時候，費用至少要同速減少。

Cost center

成本中心

我小時候學寫作文，我的語文老師姓方，據說是安徽桐城派方家的後裔。方老師在生活上是個很節儉的人，對作文也持同樣的要求，最看不慣別人浪費字。他教給我們一種寫作方法—剪除法。

寫作的剪除法

先把一篇文章的第一段刪掉，看看文章的意思有沒有受傷害，

如果沒有，就堅決刪掉；如果有的話，保留第一段，但是把第一段的第一句刪掉試試，如果此時第一段的意思不受影響，就堅決刪掉第一句；如果受了影響，就保留第一句。然後再從第一句的第一個詞開始，試著刪除。依此類推，用這種方法嘗試後面的每一個詞、每一個句子和每一個段落。這樣梳理下來，準保文章的贅肉去了大半。

　　這種辦法也可以移用到企業的費用管理上。

　　在企業內部，人們常愛把一些部門稱為「利潤中心」，另一些部門稱為「成本中心」。不過，實際上企業內部不能產生任何利潤，所有部門都是「成本中心」。只有外部的客戶能夠帶來利潤，是真正的「利潤中心」。

　　我曾經負責過人力資源管理。可以利用這種簡單的辦法判斷一個崗位是否一定有存在的必要。如果一個崗位空出來的話，比如員工退休、辭職或者其他什麼原因不幹了，不要急著填補，等上幾個月就可以看出這一崗位的價值到底在哪裡，到底需不需要。推而廣之，用這種辦法也可以判斷一個「成本中心」是否有存在的必要。

　　有時，與其艱難地控制細節成本，反倒不如索性減掉整個「成本中心」。

E-business and Amazon

電子商務和亞馬遜

電子商務所帶來的衝擊讓許多人為之瘋狂。電子商務第一次把銷售和生產分隔開。銷售不再受生產的限制，不再關心誰是製造商，銷售只與通路和配送相關。電子商務為消費者提供了可以選擇最多的產品和服務的可能。

山姆‧沃爾頓苦心經營了12年才使全球零售巨頭沃爾瑪銷售額升至1.5億美元，而傑夫‧貝佐斯只用了三四年時間就把亞馬遜網上書店帶入億元銷售行業。

亞馬遜網上書店可以節省哪些成本呢？

首先，它無須租門面和場地以及僱用大量售貨員，可以節省許多的管理成本。其次，亞馬遜的市場覆蓋範圍廣，每次訂貨量大，因此可以從供應商那裡獲得較大的價格優惠，同時又是根據消費者需求訂貨無須很大庫存進行周轉，節省了大量的倉儲費用。

亞馬遜的銷售主要是通過吸引消費者訪問網站，然後進行購物，因此銷售成本主要是廣告推廣費用，節省了傳統銷售中大量的銷售人員費用，此「成本中心」被剪除了。收款、送貨通過網際合作完成，當亞馬遜銷售額過億美元時，全部員工只有9個人。

網上商場的「虛擬」性，使得亞馬遜能以驚人的速度發展，同時也能以非常優惠的折扣價格為消費者服務，在亞馬遜網站上購買書大多可以節省3～5折的錢，網上經營帶來的成本降低給企業和消費者都帶來了好處。

■網路書店銷售成本主要是廣告推廣費用，節省了傳統銷售中大量的銷售人員費用，此「成本中心」被剪除了。

One bottle of pure water worthy RMB90

一瓶蒸餾水值90元？

要管理好執行成本就要學會分析成本，特別是成本的組成結構。比如，去醫院吊點滴，拿到帳單一看，1瓶蒸餾水開價90元。你當然不樂意，認為醫院暴利。但醫院堅持自己的利潤不過12％，實屬低利潤。你肯定不信。看看1瓶蒸餾水的成本結構（單位：元）：

直接成本	13
蒸餾水管理員的薪資和設備	22
失誤的保險及教學和管理費	17
治療無保險病人的成本	27
利潤	11
合計	90

成本的最大一塊27元（30％）竟來自為了治療沒有購買保險的那一部分病人而要分擔的成本。一些國家比如德國因為移民的原因，國家醫療保險入不敷出，根源與此相同。我的土耳其同事抱怨說，在土耳其有近一半的私營業主不繳稅，使得他們這些納了稅的人要承擔的社會保險負擔越來越重，太不公平了。

抽絲剝繭對成本進行分析會發現很多意想不到的結果。比如，機械製造業的成本更多來自鋼材而不是人工；生產水泥企業的成本更多來自物流而不是原料；奢侈品更多來自通路而不是質量，等等。

穀子和市場費用

　　西方有一個比喻，說是市場工作就是撒下穀子吸引鴨子過來，而銷售不過是端著獵槍去打坐著不動的鴨子。如果鴨子不是乖乖地坐著等著被打，就表示市場的工作還沒有做好。市場的工作是使客戶需要你的產品，而銷售是與特定的客戶成交。

　　幾乎所有人都明白撒下的穀子至少有一半沒有吸引到任何鴨子，但是沒有人知道是哪一半，因此，只能繼續撒更多的穀子。如何有效地利用有限的資源，達到市場宣傳的效果，而不是一味地靠廣告狂轟濫炸，是對市場部的挑戰。

　　做市場的第一步是找到目標客戶，就是把消費者分類，從中篩選出你需要的客戶。然後，研究目標客戶的消費習慣，以便對症下藥。比如，在美國超市裡，啤酒會擺放在嬰兒的尿布旁邊，因為市場研究人員發現年輕的父親往往是超市裡尿布的採購者。

　　我在哈根達斯公司的時候，管理層曾經為這種昂貴的冰淇淋銷量不佳傷透腦筋。市場部熟練地使用起促銷的法寶，買一送一變相降價。超市內彩旗飄飄，很是熱鬧了一場。結果真是立竿見影，銷量直線上升。但是到月底一算帳，利潤沒有任何改善。促銷活動結束後，銷量如橡皮筋一樣完全彈性恢復，新增的客戶只是對價格感興趣，而這些客戶並不是我們定位的目標客戶群。後來，市場部採用了另一種辦法，在高級辦公室內進行免費品嚐，而且給的量很少，品牌的認知

度開始明顯提高。這種辦法也暗合了經濟學上的邊際效用遞減原理，即吃第一口的時候，感覺滋味是最好的。

　　加入VOLVO公司後，我參加過很多次國際設備展覽。 展會上，你會發現中外廠商市場宣傳角度有很大不同。一般中國廠商宣揚的總是獲得的獎章榮譽，產品的合格證書、質量認證，還有國家或地方領導人的題字和參觀照片，另外就是伴隨激昂音樂的工廠生產場景，**轟轟烈烈**。產品宣傳下意識地變成了政治宣傳。而西方的廠商，宣揚的總是機器的性能，客戶的反饋，更多的是產品在各種艱苦作業環境下的實際應用，至於自己的領導人是誰，誰來參觀過，庫存有多麼龐大，一概不重要，因為客戶不會因為這些原因而購買你的產品。

Story of Target Cost

目標成本

利潤＝售價－成本

　　對於大多數日本製造業來說：利潤＝售價－成本。成本越低，利潤就會越高。日本企業更注重於目標成本的控制，這種核算方法需要首先決定特定產品的功能、市場要求的質量水平和市場的支付意願，然後決定產品成本。

　　佳能公司在開發自己的微型影印機時，就是按照成本分攤的方式進行，先確定市場售價，再決定開發和生產的成本。

　　宜家公司在設計它著名的馬克杯時也學會了這種方法。它的水

杯在設計初就定價為3元，然後開始設計，研究材料，尋找工廠，甚至上釉用的顏料也將成本精打細算在裡面，因此顏色的選擇並不多。為了節省運費和庫存空間，杯子的底部專門設計成可以摞在一起的形狀。這種馬克杯一度成了宜家的暢銷產品。

日本的管理者認為，在規模化的製造業裡，「真正的成本可能只有梅子核一樣小，把成本膨脹成一個大橘子等於在吃掉所有的利潤。」

比如一輛轎車，可以賣到2,000美元以下。拉丹‧塔塔是印度塔塔公司總裁，他說他看到印度窮人全家貼在一輛機動車上，父親騎車，小孩站在前面，母親坐在後面，懷裡還抱個嬰兒，就想製造一輛窮人買得起的轎車。

2008年，拉丹‧塔塔實現了這一夢想。塔塔公司的Nano車終於在印度上市了，該車售價10萬盧比，約合1,984美元，是當今「世界上最便宜的轎車」。

Nano車的成本控制達到極致。它只有一個雨刮器，沒有電動車窗，沒有自動座位調整等一般舒適性設施，座位由塑膠和織布材質做成，發動機是雙缸0.6升排量，配四速手動變速箱，沒有空調系統，沒有音響，沒有內胎，在標準版中沒有安全氣囊和防鎖死剎車系統。如果你到過印度，在孟買街頭與牛車一起同行過，你會發現這種車完全適應印度的實際路況。因此，剛一推出，便受到印度消費者的狂熱歡迎。要想提早買到一輛全新的Nano，甚至需要抽籤來決定。

Story of Standard Cost

標準成本

售價＝成本＋利潤

對於大多數美國公司來說：售價＝成本＋利潤。完全相同的公式，但是理解可以完全不同。

在很多美國公司裡，成本是以標準成本的方式來進行控制的，即按照生產的標準程序來核算產品的成本，通過計算實際成本與標準成本的差異來管理生產。獲得利潤的唯一辦法就是在標準成本的基礎上加上利潤，因為標準成本本身是輕易不能改變的，否則就不叫標準成本了。

標准成本

標準成本是美國企業的發明，已經有80多年的歷史。1925年，唐納森‧布朗從杜邦公司跳槽到通用汽車公司後,擔任通用公司財務副總裁。為了管理生產成本，他提出了標準產量的概念，就是理想狀態下的產能，並以此為基礎核算單位產品的變動成本和固定成本。唐納森的標準成本方法第一次使得生產管理者弄明白產品的單位生產成本，從而能夠進行有效管理。這種辦法在20世紀初期使美國通用汽車公司取得了行業的霸主地位，很快便在製造企業中普及開來。

然而，就像一把雙刃劍，標準成本也使美國製造業的管理層拘

泥於標準產量的概念。所以，在20世紀80年代，當日本的產品以幾乎低於美國產品標準成本的價格在市場上競相出現時，美國製造業整體感到手足無措了。

機會成本

「振保的心裡有兩個女人，一個是白玫瑰，一個是紅玫瑰。娶了紅玫瑰，久而久之，紅的變成了牆上的一抹蚊子血，白的還是『床前明月光』；娶了白玫瑰，白的便是衣服上的一粒飯粘子，而紅的卻是心口上的一顆硃砂痣。」

—張愛玲，《紅玫瑰與白玫瑰》

紅玫瑰和白玫瑰就是振保的機會成本。

從經濟學的角度來看，人類的任何決定都意味著失去了其他選擇。

機會成本不是通常意義上的成本，它不是一種支出或費用，而是做出某種選擇之後可能損失的收益。感受機會成本更多是一種後悔的程度。比如，振保的對於紅、白玫瑰的選擇，無論結果如何都是同樣的後悔，機會成本一樣大。所以有人說，商業裡似乎沒有最好的選擇，只有最好的努力。重要的是做出一個相對好的選擇後，一直不斷地去經營它。

所有行為的機會可以劃分成財務成本和非財務成本。振保面臨的是非財務成本，而資本成本則是一種典型的財務機會成本。

Story of Capital Cost

資本成本

讀有些跨國公司的財務年報，你會發現在資產負債表上現金佔流動資產較大比例，負債比率較低。為什麼要持有比較多的現金呢？為什麼不多用財務槓桿借貸經營呢？

穆迪和標準普爾公司評估企業信用指數的主要參數就是負債率。較低的負債率會使企業的信用指數比競爭對手高。這樣，在資本市場上，企業的貸款成本比競爭對手低，產品還沒有開始銷售，企業已經有了資本成本的優勢。

一般跨國公司都會選擇核心銀行，利用規模效益，建立中央集權性質的現金池來統籌管理現金，在全球範圍內進行調配，以保證各地區都能有最低成本的資金。跨國公司總部往往還會介入金融衍生物以及匯率的炒賣，以控制資金的匯率風險。

如果股東的原始資本即最初的權益資本不夠，企業就要向外借貸，這就是債務資本。權益資本和債務成本的機會成本就是企業的資本成本。企業追求的是所謂最佳資本結構，就是使其加權平均資本成本最低的資本結構。

因為資本成本的原因，西方越來越多的企業使用EVA（Economic

Value Added的縮寫，經濟附加價值，由美國Stern-Swart公司創建，該公司擁有EVA的版權）的概念。經濟增加值是公司稅後經營利潤扣除債務和股權成本後的利潤餘額。經濟增加值不僅是一種公司業績度量指標，還是一個全面財務管理的架構，可以作為經理人和員工薪酬的激勵機制。管理人員在運用資本時，必須為資本付費。由於考慮到了包括權益資本在內的所有資本的成本，經濟增加值體現了企業在某個時期創造或損壞了的財富價值量，真正成為股東所定義的利潤。

假如股東希望得到20％的投資報酬率，那麼只有當他們所分享的稅後淨利潤超出20％的資本成本的時候，他們才是在「賺錢」。而在此之前的任何事情，都只是為了達到企業投資可接受的最低報酬而努力。有效利用經濟增加值，能使管理者和股東利益相一致，從而結束兩者之間常常不可避免的利益衝突。

客戶成本

對客戶的管理與其說是成本管理，不如說是利潤管理。企業的目的是創造利潤，更是創造客戶。

貝恩公司的市場調查研究報告顯示：一半的美國公司現在每5年就失去50％的客戶。美國密西根大學的研究報告說：27％的美國客戶對購買的產品和服務不滿意，客戶感受不到製造商和服務商提供的價值。

　　這種現象在其他國家同樣存在。滿意的客戶會將滿意傳送給4～5家，而不滿意的客戶會將抱怨傳播到9～12家。在許多行業裡，開發新客戶的成本是保持老客戶的5～6倍。多保持5％的老客戶可以多增加25％～125％的利潤。

　　客戶的滿意度如此之重要，以至於大家都認為所有的客戶都是上帝。但是，不是所有的客戶都是你的上帝。像資產有優劣之分一樣，客戶也有好有差。客戶管理的一個重要原則，就是要不斷地對客戶進行梳理，剔除那些最差的客戶。那麼，誰是你的最差客戶呢？

　　只在打折時購買；經常退貨；一年內最多與你的品牌接觸兩次；喜歡向所有人抱怨；購買只是為滿足需要的必需品；隨時轉移到別的品牌。

　　當你遇到這些客戶時，最好盡快把他們從你的客戶數據庫裡清除出去。如果這些客戶投向你的競爭對手，這對你多半是個好消息。

Story of Quality Cost

質量成本

　　有一次吃早餐的時候，我偶然看了一眼剛買回的一瓶「怡達」牌黃桃罐頭。產地是河北承德，上面的標籤用中文寫道：「精挑細選優質保證：我們所用黃桃是從豐富的大自然中選取的，故以其柔軟可口而負盛名。該產品質量確實上乘，但萬一有不良品請到所購商店聯繫，負責退還。」

下面印著一行英文：“The quality of this product is very good. But some products are not very good. If so, please get in touch with the store where you buy it and exchange a purchase.”

翻譯成中文就是：「我們產品的質量非常好。但是其中一些產品的質量不是很好。如果你（不幸）遇到這樣的產品的話，請與你所購商店聯繫，進行更換。」

廠家似乎在誠實介紹產品，但是卻犯了質量管理的忌諱。

一輛汽車停在一個相對混亂的街區裡，車窗關閉。一個星期之後，汽車將安然無恙。但是，如果你拿一根棒球棍把這輛汽車的一扇車窗打碎，只需要一個晚上，你就會發現這輛車的所有部件甚至四個輪子都已經不翼而飛了。這是美國的行為學家做的試驗。如果有人打壞了一個建築物的窗戶玻璃，而這扇窗戶又未得到及時維修，別人就可能受到暗示性的縱容去打爛更多的窗戶玻璃。這就是經濟學裡的「破窗理論」。

質量管理的專家們認為，質量成本可分為不符合要求的成本（the price of non－conformance，PONC）和符合要求的成本（the price of conformance，POC）。

所謂不符合要求的成本（PONC）是指所有做錯的事情的花費，包括改正售貨員送來的訂單、更正任何在完成提貨手續過程中所發生的錯誤、改正送出

■「破窗理論」啟示：必須及時修好「第一個被打碎的窗戶玻璃」，這也是質量革命的核心。

的產品和服務、重複做同樣的工作或產品保修期內的花費，以及其他種種因不符合要求而產生的賠款。把這些統統加起來會得到一個驚人的數字。研究者統計，在美國的製造業公司中，這類花費約佔銷售收入的20％以上，在服務業則高達35％。

符合要求的成本（POC）是指為了把事情做對而花費的金錢，包括大部分專業的質量管理部門、預防措施的花費、質量教育和用戶操作培訓的花費，同時也包括檢驗做事程序或產品是否合格等的費用。在運營良好的公司，這項花費大約是銷售收入的3％或4％。

對於食品行業的公司來說，POC還包括食品安全的控制成本。這項成本看似不高， 但是影響巨大。三鹿奶粉事件是個婦孺皆知的典型例子。若干年前，我曾經造訪過三鹿公司，為其做人力資源方面的諮詢。有一次，我跟三鹿的幾位高層管理人員一起在公司對面的餐館吃飯，我印象最深的是一位總經理在吃飯前一定要用醋把所有的餐具包括我的都消毒一遍， 他說只有這樣吃得才放心。

以前，經濟學家們總是試圖在質量與成本之間尋求某種折中來達到成本最低點。隨著優質產品率的增加，預防成本和鑒定成本也相應增加，因此生產出更多的合格產品相應要花費更多的精力。傳統的質量觀點認為產品質量100％合格並不是公司的最佳質量目標，應該在可接受的範圍內允許一定的次品率。這是純粹從財務角度出發的成本分析思想，已經被實踐淘汰。很多公司將零缺陷作為質量管理追求的目標，比如摩托羅拉和通用電氣使用的6δ（6 sigma），就是要求產品在100萬個機會裡只能有3.4個瑕疵。

如果你以質量為中心來合理安排工作，成本就會被自行控制住。

──菲利浦・克勞士比

　　中國要成為世界的製造業中心，除了勞動力成本的優勢外，有效的質量管理和質量成本控制同樣重要。

研發成本

　　知識是鉛筆，而理解就是在它的一端加上橡皮擦。

　　幾乎所有人都對研發成本或者說研發費用持肯定的態度。的確，有時看一個公司是否有技術上的優勢，是否能夠持續長期地處於市場的主導地位，產品的技術領先很重要。中國製造升級為中國創造的關鍵就是自主研發的能力。

　　但是，研發並非一定就意味著傳統中昂貴的實驗室和一大堆的試管儀器，一些看似很小的革新也能帶來巨大的利潤。自從鉛筆發明以後，幾十年內銷量緩步增加。一個叫 Hyman Lipman 的人對使用鉛筆似乎有更深刻的理解，他在每枝鉛筆的一端加上橡皮擦。結果從那天開始，銷量飛速上升，直到今天帶橡皮擦的鉛筆每年銷量70億枝。華爾街日報稱：「知識是鉛筆，而理解就是在它的一端加上橡皮擦。」

實際上，研發的投入並不能給市場帶來必然的成功，如果不能很好地理解客戶的需求，推出的新產品和新技術就會像大白象一樣高貴而無用。VOLVO卡車在沙烏地阿拉伯的失利不是因為技術落後，而是因為技術太先進。

若干年前，在沙烏地阿拉伯的公路上經常會看到以安全、質量和環保著稱的VOLVO卡車。VOLVO為了保持在市場上的領先地位，不斷地進行技術創新。研發在VOLVO公司有著悠久的傳統和備受尊重的地位。研發團隊一直在擴大，研發費用似乎從來就沒有短缺過，研發能力不斷精進。車輛的性能隨之不斷提升，很多先進的電腦技術被應用到卡車上，直到有一天，在沙烏地阿拉伯很難再找到不需要太多培訓就可以上班的卡車司機了。因為會熟練操縱電腦並能完全看懂使用手冊的司機越來越少，結果車上很多先進的功能只能淪為昂貴的擺設。VOLVO卡車好得超過了市場對於基本運輸工具的期望。

這時，賓士卡車攜著10年前的老技術進入沙烏地阿拉伯市場。它們簡單，一點也不時尚，甚至沒有一點想與時俱進的意思，但是它們滿足了沙烏地阿拉伯卡車司機的需要——容易駕駛，可以運輸，價格也低。很快，技術落後的賓士卡車受到了空前的歡迎。

有時候，要理解客戶真正的需求是什麼並不是件容易的事。有很長一段時間，我每隔一個星期都要搭飛機長途旅

■研發的投入並不能給市場帶來必然的成功，如果不能很好地理解客戶的需求，推出的新產品和新技術就會像大白象一樣高貴而無用。

行。現在的飛機商務艙座位邊上都裝有機上電話。在飛行中，手機是不允許使用的，但是可以使用機上電話。你只需要刷一下信用卡就可以通話了。據說，航空公司做了很多次客戶需求調查研究，很多乘客都表示機上電話是需要的。於是，飛機製造公司投入大量人力物力研發機上電話，而且成功了。一個很有趣的現象是，我從來沒有看到有乘客在飛行中使用過這種電話，我自己也從來沒有用過。試想一下，你旁邊靠得很近地坐著陌生的乘客，你給誰打電話似乎都不合適。於是，這種昂貴的通信工具成了擺設。而它的研發成本最終攤在了每一個無辜的乘客身上。

Story of Sunk Cost

沉沒成本

「One Night in Beijing，我留下許多情，不敢在午夜問路怕走到了百花深處……人說百花的深處住著老情人，縫著繡花鞋面容安詳的老人，依舊等待著那出征的歸人……One Night in Beijing，你會留下許多情，不敢在午夜問路怕觸動了傷心的魂。」

——《北京一夜》歌詞

《北京一夜》是感情上的沉沒成本。

俗話說，「行百里者半九十」，前頭這九十里就是沉沒成本，完全成了無用功。西方人愛說：「不要為打翻的牛奶哭泣」，也是這

個意思。瑪丹娜飾演的艾薇塔，在螢幕上深情地高唱《阿根廷，不要為我哭泣》時，一代國母艾薇塔成了阿根廷政治歷史的沉沒成本。

　　過去國有體制裡的企業員工在分獎金時常愛抱怨說：「沒有功勞還有苦勞，沒有苦勞還有疲勞，為什麼獎金沒有我的份？」這裡的苦勞和疲勞其實都是沉沒成本，是無用功，忽略不計的，因為在商業世界裡，功勞才是唯一有價值的可以量化的產出。

　　不要讓過去的陰影籠罩前面的道路。財務裡假定，沉沒成本對以後的決策沒有任何可量化的財務價值，因此作為費用一次性記錄。比如一個項目中途夭折，所有的投入都將成為沉沒成本，在財務上不可以作分攤折舊處理，這樣才不至於影響下一個項目的評估和決策。聽上去，很有點斷臂自救的意氣。

　　投資決策失誤往往是造成企業沉沒成本的最主要原因，因此，戰略決策一再強調必須做正確的事情，特別是在做大的固定資產方面投資的時候。

　　比如，建立一家工廠。一旦建起，各項建廠時的投入就變成了沉沒成本。除非預期的產出收入至少能彌補建廠費用，否則，一個理性的企業家是不會輕易投資建廠的。

　　在石油行業裡，石油鑽井時經常會出現廢井，可能是勘探的原因，也可能是施工的原因，也可能純粹是運氣的原因，總之，必須隨時準備放棄已經投下的資金和技術，重新尋找新的鑽井口。這種巨額的沉沒成本自然不是一般小公司能承受得起的。

　　跟其他成本有好有壞一樣，有時沉沒成本也可以為企業在某些

方面帶來優勢。

如果一個產業的沉沒成本很高，就會形成進入門檻。那些具有明顯規模經濟的資本密集型產業，如能源、通信、交通、房地產、醫藥等產業，其驚人的初始投入和退出成本往往使許多准入者望而卻步，因為這首先是一場PK「誰輸得起」的比賽。小企業通常只能選擇沉沒成本較低的競爭性行業求得發展。

經濟泡沫也是一種典型的沉沒成本。網路泡沫時，在1999年世界經濟論壇上，比爾蓋茲說：「是的，它們當然是泡沫。但是你們都忘記了核心。正是因為泡沫才吸引了大量的資本投入到網路行業，從而驅使技術的進步越來越快。」

■ 經濟泡沫也是一種典型的沉沒成本。

邊際成本

邊際成本嚴格上說是經濟學的概念。不過，財務本來也就是經濟學的一部分，財務的前身就是微觀經濟學。只是邊際成本不常在財務報表裡看到，但是，做分析時經常用邊際成本。

以前，沒有開始計劃生育的時候父母常說多養一個孩子只不過是鍋裡多加碗水，桌上多添雙筷子，意思就是說，邊際成本很低。

這種情況在製造業企業裡經常遇到，由於固定成本的攤薄，每增加一件產品的成本，即邊際成本越來越小。收支平衡點就落在邊際利潤等於邊際成本的時候。

長袖者善舞，多錢者善賈。跟沉沒成本的作用相似，邊際成本讓富有者更富有，貧窮者更貧窮。所謂「上帝的眷顧」的財務意義即在於此。

Cash is king

Chapter **07**

現金為王

現金如同人類生存環境的第五元素。

很多時候,

現金流比利潤還要重要。

企業不會因為沒有利潤而破產,

但是會因為沒有現金而倒閉。

所謂現金，是指貨幣形式的流動資產。現金的概念就像是一座巨大的冰山，浮在水面上的是我們日常使用的貨幣，這只佔冰山不到10％；另外超過90％的部分在水面以下，是各種短期票據和電子貨幣。

　　電子貨幣對金錢發揮了有如避孕藥對性的刺激。今天的財富已經變成一張張薄薄的塑膠信用卡、一個帳號或者一行數字。金錢數字化的結果一方面提升了數量級，流通更方便；另一方面使金錢的原始感覺疏遠。美國的許多家庭理財專家就曾建議不要使用信用卡消費，而應該用紙幣和硬幣，只有那樣，才能最直接地感覺到你的花費，才能有效控制支出。

　　古希臘人把氣、水、火和土視為所有物質賴以形成的四大天然元素，實際上金錢已經成為人類社會的「第五元素」。歷史上各個時代中，在世界各地，從鹽到煙草，從木材到乾魚，從大米到衣物，都曾被當做金錢使用。印度一些地方的原住民用過杏仁，瓜地馬拉人用過玉米，古巴比倫人用過大麥，孟加拉灣的原住島民用過椰子果，蒙古人用過磚茶，菲律賓、日本、緬甸和其他東南亞地區的人用過大米，挪威人用牛油和乾鱈魚作為金錢。

　　即使在今天的雲南，普洱茶在某些場合也被視做流通用的金錢。雲南有普洱茶的銀行，顧客可以將新茶買下存放在普洱茶行裡，每年年底可以分得一定比例的利息，據說好的時候利率可以高達20％。

　　我在比利時的小鎮布魯日參觀巧克力博物館時，發現在瑪雅時

■所謂現金，是指貨幣形式的流動資產。現金概念像冰山，浮在水上的是貨幣，九成在水下，是各種短期票據和電子貨幣。

代的南美洲人竟使用可可豆作為貨幣，3枚可可豆可以買一個雞蛋，10枚可以買一隻兔子，100枚就可以買一個人，不是甜膩膩的巧克力人，而是真人。

現代英語中的「薪水」一詞salary，源自拉丁字sal，意思是鹽。據說，在羅馬帝國時代士兵領取的薪餉就是鹽，或者說他們領錢的目的在於購買食鹽，以便給原本淡而無味的食物調味。草原民族常把牲畜當金錢使用，英文中的「資本」一詞capital，就是從「牛群」cattle演變來的。

在黃金作為現金被普遍接受之前，歷史上甚至連人類都曾被用做金錢流通。在古代愛爾蘭，女奴是普遍的價值標準，用來購買牲畜、船隻、土地和房屋，如果女奴的頭髮是紅色或金色，價值更高。不過，在所有的金錢形式中，由於奴隸死亡率高並有逃亡的可能，因而也最不可靠。

紐約曼哈頓的聯邦儲備銀行外表跟華爾街的其他金融機構沒什麼兩樣，但是在離街面80英尺以下的基巖內，有一個巨大的保險庫，裡面堆放著各國政府寄存的1萬噸金條，全世界大約1／4的黃金都存放在這裡。好萊塢的城市大盜電影就常以紐約的地下金庫作為背景演繹。

還有些黃金不在曼哈頓。在肯塔基州北部綿延的山巒中，有一座戒備森嚴的軍事基地—諾克斯軍營，美國國庫中一多半的黃金（大

約4,000多噸）儲存在這裡。另外在西點軍校有1,700多噸、在丹佛有1,300多噸、在美國的其他三線地方有1,000噸。國庫中的黃金都是以每條1,000盎司的磚塊形狀裸放，因為黃金不會腐蝕、生鏽和剝落，所以也不需要包裹或其他額外維護。

由於黃金的產量有限，以此為基礎的貨幣供應就顯得不足。20世紀初的時候，人們希望將白銀納入貨幣標準，用黃金和白銀一起來建立貨幣基礎，同時保證貨幣的購買力。最後這種努力失敗了，但卻留下一部人人喜愛的電影——《綠野仙蹤》（Wizard of Oz）。

The real meaning of the Wizard of Oz
《綠野仙蹤》的真正意義

1900年，一個美國新聞記者寫了一部政治寓言小說，支持以黃金和白銀為貨幣標準的復本位制度，因為當時黃金的供應量遠遠不夠。這部小說搬上銀幕，就是電影史上堪稱經典的《綠野仙蹤》－－

一場莫名其妙的颶風將桃樂絲和她的小狗從堪薩斯州吹到空中，落在遙遠的美國東部。這個淳樸善良的農家小女孩踏上金磚鋪就的道路，出發前往叫「Oz」即「盎司」（黃金的計量單位）的仙境。在途中，她遇到了代表美國農民的稻草人，代表美國工人的錫人，還有象徵美國參議院的怯懦的獅子。故事中掌控翡翠城金融機制的是崇拜黃金的魔法師和巫女。在翡翠城中，人民必須戴著系有黃金扣帶的

綠色眼鏡。

　　故事結尾，所有善良的人民只需揭發魔法師和女巫的欺詐行徑，在黃金和白銀復本位貨幣制度世界中就可以天下太平，幸福繁榮。農民稻草人發現他竟是那麼聰明，獅子找到了勇氣，工人錫人也獲得了新的力量來源，一把合金工具銀刃金斧子，而且身上只要帶有鑲了黃金和珠寶的銀製油罐，他就永遠不會生銹。

　　「世界上沒有任何地方能夠像家一樣！」（There is no place like home!）桃樂絲的一句感歎感動了全世界的觀眾。

　　1900年，美國國會通過黃金本位法案，承諾美國貨幣以單一商品黃金為基準。民粹黨人士向美國國會施壓，要求採用黃金和白銀雙標準的復本位政策，最終仍是徒勞無功。後來，在南非，美國的阿拉斯加和科羅拉多州發現了新的金礦，黃金供給擴大了一倍，消除了貨幣短缺現象。

　　金本位貨幣制度經歷了兩次世界大戰，直到1944年的布雷頓森林協議，各國貨幣與美元掛鉤，美元鎖定黃金價格，成了「翡翠城」的主人。以後的20多年，世界經濟蓬勃發展，黃金從美國大量流失，尼克森總統堅守不住，在1971年被迫棄城而走，終止美元與黃金之間的固定交換，美元相對於黃金浮動，從而瓦解了布雷頓森林協議，各國的貨幣匯率由外匯市場的貨幣供需而調控，進入貨幣的自由市場經濟階段。

　　桃樂絲和她的小狗終於可以自在地回到自己的故鄉堪薩斯州了。

獲利的公司怎麼會破產？

20世紀80年代中期，美國經濟進入蕭條期，一些公司陸續向聯邦法院申請《破產法》第11章的破產保護。從損益表上看，這些公司一直在獲利，產品質量也不錯，客戶也沒有丟失。獲利的公司怎麼還會破產？

當一個公司沒有足夠現金償還到期債務時，就會發生債務危機。 生產型的公司長時間地讓產量遠大於銷量，或者銷售型公司不斷延長顧客的付款期限，對應收款失去控制，那麼，即使公司出售產品獲利，但銷售產生的現金流入可能並不足以趕上生產和投資所需的現金流出。這些都有可能導致公司的成長性破產（growing broke）。

這時，在財務報表上看會發現一個很有意思的現象，就是在公司宣佈破產之前，損益表連續多年的淨利潤為正數。但是這些公司的經營現金流總是在破產的前幾年裡就開始惡化，經營活動產生的現金流量遠遠小於損益表上的帳面利潤。

經營現金流與經營利潤之間似乎永遠存在差異。經營好轉時，現金往往滯後於利潤增長。研究人員發現，在一般的傳統企業中，由於應收款和庫存等的影響，現金的增長往往只是銷售增長的平方根，比如說銷售增長1倍，取2的平

■想分析公司的財務狀況，又感到時間緊迫，可以先看一眼它的經營現金流，因為它比任何其他財務數據更能說明問題。

方根，現金只增長41％。這與計算經濟
庫存量的原理一樣。

　　對於投資者來說，被收購對象企業
手中的現金並非不值錢。沒有人願意花
100萬元去購買另外100萬元現金。但
是，對於經營者來說，現金生死攸關。
利潤虧損，企業尚可生存，但是現金斷
流，企業將岌岌可危。

■對於經營者來說，現金生死攸關。利潤虧損，企業尚可生存，但是現金斷流，企業將岌岌可危。

　　若你想分析一家公司的財務狀況，又感到時間緊迫，你可以先
看一眼它的經營現金流，因為它比任何其他財務數據更能說明問題。

　　我在美國讀書的時候，曾經與一個朋友合開了一家公司，叫做
後現代概念公司。名字很現代，但是業務不現代。我們主要經營進出
口貿易，包括傢俱、絲綢、首飾、化學原材料以及與中南美洲之間的
電腦光碟的轉口貿易。那時，我們都很年輕，有很多的激情和勇氣。
市場有時認可這種年輕，有時不認，所以業務時好時壞。當時得到的
最大的教訓就是發現了現金流比利潤更重要。

　　對於很多新成立的企業來說，現金流就是一切，利潤倒在其
次。如果現金周轉得好，企業能夠存活，利潤是水到渠成的事。如果
一味關注利潤，過多的庫存和應收帳款會耗盡現金，最終利潤只能留
在報表裡，企業無法生存。

　　要管理好現金流，最有效的工具是制定可靠的現金流預測。所
謂可靠，就是一定要考慮到最糟糕的情形。

「八個罈子七個蓋」的現金流管理

商業活動中有一個很簡單但很重要的流動資金循環：

現金購買庫存→庫存產生銷售→銷售帶來應收款→應收款必須轉化為現金（見右圖）。

在這個過程中，最重要的是循環的速度，如果速度太慢，就無法減少資產以獲取現金來償還債務，只能通過外部融資，而代價就是融資成本。

財務上用現金轉換週期（cash conversion cycle，CCC）來衡量現金的周轉速度。

CCC＝應收帳款回收天數－應付帳款周轉天數＋庫存周轉天數

現金周轉週期（CCC）越短表示現金周轉越快。理論上說，CCC的天數是零最好，這樣就不需要用自己的錢，至少是流動資金就可以賺錢了。CCC可以做到零嗎？實際上，有些公司不僅做到零，甚至做到了負數。

戴爾電腦財報公布的CCC為負數，因為它的庫存時間為零，而應付款的時間遠長於應收款的時間。它的現金周轉

■旅行支票從購買到兌現有個時間差，這期間等於讓銀行得到了一筆無息貸款而且是現金。

快到可以從中獲利的程度。它不用向外融資，它可以借錢給人，或者
做短期投資，用錢賺錢。

流動資金循環

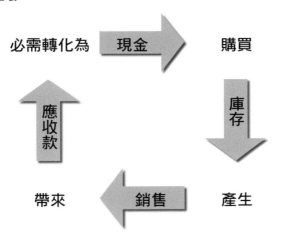

　　1891年，美國運通公司開始發售旅行支票，過了一年，當時的
總裁詹姆士‧法格才開始認識到它的好處。旅行支票從購買到兌現有
個時間差，這期間等於美國運通得到了一筆無息貸款而且是現金。美
國運通每天有超過60億美元的這種無息貸款即自由現金流量供它支
配。經營旅行支票的業務只有很微小的帳面利潤，但是，60億美元
用於投資將帶來一筆非常大的報酬。

　　中國一些零售業利潤的真正來源並不只靠銷售商品，而是靠賺
取負利率。一些大賣場普遍以90天為結款期限，如果3個月的銷售款

不用還，一天銷售額為10萬的話，90天就有900萬，大賣場手中就一直有大額的現金在流動，而且銷售額越大資金額也就越大。單把這部分錢存在銀行，就會有源源不斷的存款利息。

紅頂商人胡雪巖說：「八個罈子七個蓋，蓋來蓋去不穿幫就是會做生意。」意思是說商人手中的錢是用來周轉的，如同用七個蓋子去蓋八個罈子，不能穿幫。用九個蓋子浪費，用八個蓋子笨蛋也會。

在企業的日常經營活動中現金時刻在流動，流水不腐，流速也不慢，但是，在某些人眼裡看來，這種流速遠遠不夠，需要更快。這些人就是金融家和銀行家。

最終讓現金瘋狂流動起來的是銀行，銀行是現金大循環中的加速器和調節閥。其實銀行沒有自己的錢，它歸根到底是一種寄生行業，但卻是一種特別的寄生行業。銀行業務之所以與眾不同，主要是因為銀行家一直貸放的都是別人的資金。銀行手裡掌握的正是那根可以以小搏大的神奇財務槓桿。槓桿效益讓現金在全社會範圍內快速流動。

■資金循環最重要的是速度，若速度太慢，就無法減少資產以獲取現金還債務，只能通過外部融資，而代價就是融資成本。

Chapter *08* 財務的十誡

財務的戒律影響的不僅是針對財務報表，
潛移默化中也決定了財務人的性格和意識。

《十誡》的故事

摩西是基督教傳說中的領袖，他率領希伯來人為了擺脫埃及人的奴役，長途跋涉，尋找自己的家園。為了使希伯來人減少內部的混亂無序，摩西深更半夜爬上西奈山，代表基督徒與上帝訂下神聖的《十誡》（The Decalogue），規定了人類行為的最初規範。《十誡》成為西方基督教世界裡法律條文和道德準則的基礎。

十誡

第一誡：我便是主，是上帝，在我面前，你沒有第二個上帝。

I am the Lord, thoushalt not have other gods before me.

第二誡：不要玷污上帝的名義。

Thoushalt not take the name of the Lordthy God invain.

第三誡：不要忘了神聖的安息日。

Remember the Sabbath day, to keep it holy.

第四誡：要尊敬你的父親和母親。

Honor thy father and thy mother.

第五誡：不要殺人。

Thoushalt not kill.

第六誡：不要通姦。

Thoushalt not commitadultery.

第七誡：不要偷竊。

Thoushalt not steal.

第八誡：不要在鄰居面前作偽證。

Thoushalt not bear witness against thy neighbor.

第九誡：不要覬覦鄰居的妻子。

Thoushalt not covet thy neighbor's wife.

第十誡：不要覬覦鄰居的財務。

Thoushalt not covet thy neighbor's goods.

　　一位波蘭裔的導演，曾拍《藍》《白》《紅》三部曲的基耶斯洛夫斯基用了現代城市裡的10個小故事把這些戒條一一在《十誡》中演繹出來，這些故事真實得近乎殘酷。整部電影長達10個小時。

　　這10個故事的主角都住在第二次世界大戰後波蘭的一幢公寓裡，他們不得不去抉擇一些異常艱難的東西。比如「第二誡」中，一位年輕的女藝術家懷上了情人的孩子，重病的丈夫在醫院裡接受治療，她問醫生她丈夫的病還有沒有救。如果他將病死，她就生下這孩子，如果他會病癒，她就不得不放棄這孩子。醫生沉思再三，選擇撒謊說她丈夫將不治而亡。最後孩子生下來了，丈夫也出院了。在「第三誡」中，一個男人終於決定離開情人，重返家庭，舊情人卻在聖誕前夜要求他陪著去找自己失蹤的丈夫，而實際上她也是想在那一夜做最後的抉擇。在「不可偷盜」的「第七誡」裡，瑪卡讀大學的時候生下了私生女並把她交給自己的媽媽撫養，孩子打小喊外婆為媽媽；當

瑪卡想要回女兒的時候，她只能採取偷的辦法。「第八誡」講述的是第二次世界大戰中一位波蘭婦女拒絕救助一個猶太小女孩，女孩長大後又見到了身為倫理學教授的那位婦女，才知道當年她之所以放棄救助，是因為有情報說女孩是蓋世太保設下的誘餌，事後才得知情報是假的。

> ■人類社會為了種族延續、避免自我毀滅、為了自救而制定遊戲規則。有了這些規則，遊戲才有了意義。

基耶斯洛夫斯基說：「我仍相信我們是自己激情、生理狀況與生物現象的囚徒，就和幾千年前的情況沒有兩樣。」

我是若干年前的一個星期天看的這10部電影。地點是美國休斯敦的藝術博物館。從早上9點半開始，看到12點半，出來休息一個半小時，喝罐可樂，吃塊BLT的三明治，下午1點半進場，直到5點半，看完了前六誡。再有一個半小時的休息時間，晚上從7點直到10點結束，看完剩下的四誡。電影院裡坐了兩三百人，我可能是唯一的黃皮膚。對於基督徒來說，星期天是聖安息日，就是不能工作也不能娛樂，只能休息以及搞搞讚美耶和華的禮拜活動。對於一些人來說，來劇院看這部多少帶點兒宗教色彩的電影也算是一項宗教活動了。

晚上從劇院出來的時候，我的臉色蒼白。我覺得《十誡》與其說是來自上帝的無形之手，倒不如說是早期人類社會為了種族延續、為了避免自我毀滅、為了自救而制定的人類的遊戲規則。有了這些規則，遊戲才有了意義。

Fundamental principles of Finance

財務的戒律

　　財務裡也有類似的基本原則，或者叫會計通用準則。它們是財務報表裡最基本的遊戲規則。

　　每個國家都制定有自己的會計準則。為了向全世界資本市場參與者和財務報表使用者提供一套高質量的、透明的、可比較的、全球通用的會計制度，國際性的民間組織國際會計師協會從1973年開始在倫敦籌劃國際會計通用準則。當時只有9個國家參與，英國和美國不在其列。直到1989年，國際會計通用準則才被多數國家採納。那些沒有採納的國家（比如中國）的會計準則與國際會計通用準則的差異正在日漸減少。

　　從某種意義上說，中國的會計準則似乎更嚴厲。其他國家的會計準則包括國際會計通用準則都是行業規定，而中國是通過立法制定的。1982年，全國人大通過《會計法》，由國務院頒布，財政部監督實施。而中國的會計準則遇到的最大挑戰是在實施上。

　　中國會計準則與國際會計通用準則的最大區別是：國際會計通用準則強調專業會計師的判斷能力，而中國會計準則更多強調是否符合條例文本。這也許跟我們從小接受的教育方式有很大關係。

　　在中國，有些學校裡的傳統考試題目往往是就條文考條文，需要考生一字不差地背下標準答案才能通過。而在美國考試的時候，更多的是情景判斷題，考的是理解和運用條文的能力。

在財務準則上也有這種思維習慣的印記。比如在收入確認的時候，中國準則一度以開發票為準，國際準則以責任和風險是否完全轉移為準；在合併報表的時候，國際準則要求不僅被控股方或法律上的子公司必須合併，而且對於在實質上有控制權的公司也要求合併；在記錄資產時，國際準則強調公允價值，中國準則一般要求歷史成本。

中國會計準則喜歡訂立一些具體而微的細則，比如曾經規定壞帳準備的比率不得超過一定數值（0.3％）。跟中國其他的規章制度一樣，用太過數字化的要求取代了執行者的判斷能力。在某種程度上這是對執行者智慧的輕視，結果也往往事與願違，執行過程中的對策技巧遠遠超過規則制定者的想像。不過，隨著中國經濟在全球化的融入，中國會計準則不斷更新，與國際會計通用準則終將並軌。

國際會計通用準則的基本原則有十幾條，包括前面提到的權責發生制、收入確認以及實質重於形式等。另外，還有主體原則、配比原則、歷史成本計價原則和充分披露原則，以及客觀性原則，就是數據必須可靠，經得起客觀的第三方檢驗，等等。

理解這些原則的最好辦法是尋找反面教材。

福柯是法國的哲學家，他是透過研究精神病人來探索正常人的精神世界。他說：「正是變態引起人們對常態的興趣。規範只是通過偏離才得以確認。功能只是因為被破壞才得以揭示。生命只有通過不

■幾乎所有的假帳都與企業持續經營的概念相違背，都是為了短期的利益。

適應、受挫和痛苦才昇華到關於自身的意識和科學。」

　　財務制定了各種準則以保護財務報告的真實、客觀、公允，然而，許多事物都有矛盾的另一面。這些準則又為各種造假提供了方向的指引。根據我的個人經驗，因為技術性的原因造成財務報表失真的情況並不多見，絕大多數的情況是人為因素造成的，也就是故意做假帳。幾乎所有的假帳都與企業持續經營的概念相違背，無論是無中生有，還是像鼴鼠一樣東挪西藏，都是為了短期的利益。具體作假的方法要麼是違反了財務戒律中的某一條，要麼是同時違反幾條。

Story of entity principle

主體原則

　　先從一個腦筋急轉彎的故事開始－－

　　有三個遊客住店，為了節省開支三人同住一間房，並說好共同負擔房費。每個人交了100元。服務生把錢交到櫃上時，老闆動了慷慨之心，說：「退他們50元吧。」服務生拿著5張10元往回走，路上想：「3個人分50元，要出現零頭，不好分。」於是擅做主張，把2張10元裝進了自己口袋，退給客人每人10元。所以，每個客人實際上付了90元，總共是270元。服務生私吞了20元。加起來是290元。但是，開始的時候明明是300元，那麼還有10元跑哪兒去了？

在這個故事裡，實際上是三個主體：老闆、房客和貪小便宜的服務生。客人支付的270元跟服務生私吞的20元不可以相加，因為主體不同，不能歸為一類。只有老闆實收的250員與服務生私吞的20元可以相加，得到的結果就是客人實際上支付的270元。

我在美國讀書時，教會計課的教授是個60來歲的美國猶太人。他說年輕時，他曾在餐館打工做收銀員。每天晚上，他都要盤點現金。有一天晚上，收銀機裡多了一枚價值2毛5分的硬幣，他再三檢查，還是多了2毛5，於是他把硬幣放進自己口袋，第二天買了一包萬寶路香煙，那時物價還便宜。不久，盤點時收銀機裡少了一枚硬幣，他便從口袋裡掏出自己的錢墊上。這種情形一直繼續著，錢帳每晚都能一致。教授說：「我當時認為這很正常，也很公平，我的工作就是保證每天收到的現金與日記帳對上。」有一天，正當他忙忙碌碌像雨天裡搬家的螞蟻一樣轉移硬幣時，餐館老闆看到了，非常好奇。教授便把他的理論得意地告訴了老闆。結果，教授的收銀工作丟掉了。教授違背了財務的主體原則。餐館老闆擔心的不是幾個硬幣，而是整個現金管理系統。

通用準則裡最基本的原則就是主體原則。主體是提供財務報告的單位，可以是整個公司，也可以是公司內部的一個部門。重要的是不同主體之間必須涇渭分明，不可以隨意混淆。

最簡單的是個人的錢不能與公司的錢混在一起。比如像你的家用水電費，就不能從公司帳上直接支出，只能從你個人的薪水裡出。在很多私營企業裡，公司的總經理把個人的費用當做運營費用在公司

帳上報銷，既違反稅法，也違背主體原則。

　　集團公司內部之間的關聯交易也可能違背主體原則。如果關聯交易以市價作為交易的定價原則，則不會對交易的雙方產生不正常影響。然而事實上，不少公司的關聯交易採取了協議定價的原則，定價的高低一定程度上取決於公司的需要，使得利潤在關聯公司之間轉移。

　　如果A公司控制B公司51％的股份，而B公司又控制C公司51％的股份，儘管A公司實際只控制C公司26％（＝51％×51％）的股份，但是A公司還是對C公司有控股權。這樣一直繼續下去，控股層數越多，實現控股需要的資金就越少。有了這種關聯公司，利潤就可以人為操縱。市價100萬的商品賣給關聯企業可以要價250萬，這樣就多賺了150萬。控股公司的利潤就增加了。

　　跨國公司利用轉讓定價的做法與此類似。全球範圍內，利潤一般都會留存在製造廠內，因為製造業企業的稅率一般較低，所在地政府要考慮其帶來的就業機會。但是，如果人為提高製造利潤，從自己的國外分公司和製造廠購進成品時，抬高進價，就可以利用轉讓定價操縱銷售成本，使銷售公司的利潤人為降低，從而達到逃稅、避稅的目的。

　　還有利用資產剝離改扮主體。一些國有企業上市時，先剝離劣質資產、負債及其相關的成本、費用，再將原來不

■公司的總經理把個人的費用當做運營費用在公司帳上報銷，既違反稅法，也違背主體原則。

具有獨立面向市場能力的生產線、工廠和若干業務拼湊成一個上市公司，然後通過模擬手段編製這些非獨立核算單位的會計報表。這有點像聽說過沒見過的大躍進時代，將幾十畝地的水稻移栽到一畝地，這畝高產田自然成了優質股，只是，這樣做的唯一麻煩是不可持續。

Story of matching principle

配比原則

每個月我都要向公司提交我的差旅費報銷清單，生產部門要結算當月的原料採購和生產成本，這是常識。每到月底，銷售發票都要開出去，這樣好確認收入。一切似乎都是順理成章的。

在這些習以為常的事件背後，是財務報表的另一個原則，即配比原則。原理就是收入和費用之所以被記錄，是因為努力與成就的恰當匹配。

具體地說，就是當收入確認時，只有與此相關的成本和費用才能確認。另外，當收入確認時，與此相關的成本和費用必須同期確認。

違反這兩條中的任意一條，都無法準確測算實際利潤。

預提就是在配比原則的要求下進行的。有些費用還沒有發生，比如可能的壞帳損失、存貨減值，或者到年底才可能要交的各項稅款（所謂遞延稅負），但是當收入確認時，相關的、可能的費用就必須預提。

不過，確定「相關和可能」是由人為的判斷決定的，其中可以調整的空間很大。預提本身往往是滋生假帳的溫床。

倒閉了的世界通訊（WorldCom）公司就曾將本來應該作為日常經營的費用當做資本化的費用記帳，進行了錯誤預提。所謂資本化的費用是為長期目的購置的設備和系統等固定資產，應該記錄在資產負債表裡，然後按照使用年限進行折舊，折舊費逐年預提在損益表裡。而經營費用是一次性進入損益表，在當年全部用來抵減利潤的。

另一種違背配比原則而作假的方法，就是掛帳處理。

所謂掛帳，就是懸而不決，放在資產負債表的臨時科目內，掛起來暫不處理。比如應該預提的損失和費用找各種原因長期掛帳，比如說無法量化、沒有足夠書面證據等。本來應該當月處理的，如果有意拖延不處理，有的甚至拖到幾年後，這樣當月的費用就會減少，利潤自然好看了。

Story of historical cost principle

歷史成本原則

一般會計準則要求在記錄已經購買的資產時，要按當時購買的實際成本價格計價，這就是歷史成本原則。比如，如果你3年前買的辦公室是2萬塊錢1平方米，現在漲到3萬塊錢1平方米，如果你不出售，你帳面上的資產還是按當時成交的2萬塊錢算。因為似乎只有這樣才能保證成本的客觀性。

財務報表的歷史成本原則本意是好的，但是導致的結果常常並不客觀。

資產的歷史成本有時是把雙刃劍。聰明的投資者經常會利用財務報表的歷史成本原則挖掘到潛在的優質資產公司。比如一些資源性的公司，擁有礦產或者石油資源，還有一些百貨公司或者快餐店（如麥當勞），擁有很多廉價取得的商舖，在報表上這些資產都是以歷史成本計價，但是實際上，市場價值遠遠超過了帳面價值。一旦變現，就是一筆額外的收入。

另一種類似的情況是無形資產的歷史成本也使帳面價值與實際價值產生一定差距，同樣會給投資者帶來意想不到的好消息。比如電視台，如果有一天中國的電視台能夠成為上市公司的話，實際價值一定會遠大於帳面價值。因為電視台擁有的經營許可證，其歷史成本可以低到忽略不計，但是，這種排他性的特權即無形資產也讓電視台壟斷了大眾傳媒的市場。

當然，歷史成本有可能在你不注意的時候貶值，特別是當資產的市場價格下跌時。這在技術更新較快的製造業和帶有流行特色的時尚業經常看到。

在美國，有時保險公司會在沒有明顯跡象時宣告破產，其中一個原因是許多保險公司用歷史成本價格，而不是用更低的市場價值來記錄它們的絕大多數

■保險公司的資產有很多是債券，當這些債券降到垃圾等級的時候，它們就成為劣質的、不再有什麼價值的資產了。

投資。保險公司的資產有很多是債券，當這些債券降到垃圾等級的時候，它們就成為劣質的、不再有什麼價值的資產了。

　　現在的財務準則允許做資產的跌價準備，就是在市場價值遠低於歷史成本時，做減值準備的預提，不過，如果市場價值高於歷史成本時，財務準則出於保守性的考慮並不允許你記錄高的市場價值。

Story of full disclosure principle

充分披露原則

　　在《費城故事》裡有一句經典台詞：「聽著，把我當做一個5歲的孩子，把所有的真相告訴我。」這是律師說的。在美國的法庭上，每一個出庭的證人都必須發誓：「我發誓我說真話，我發誓我所說的全是真話，而且除了真話以外我不說別的。」

　　在商業的最初階段，比如海外貿易時期，作為出資的投資人將商品委託給執行人即船長，船長冒著生命危險進行海外貿易，返回時再做詳細的報告。執行人設置航海帳戶，投資人設置商品帳戶，每次航海結束後，執行人向投資人披露航海帳戶，並與投資人的商品帳戶進行比較，以確定這次航海是虧了（「損」）還是賺了（「益」）。這是最初的財務披露時期。

　　現代企業的特徵是所有者與經營者分離。

　　為了實現所有者對經營者有效的監督，同時也是為了解除經營者的受托經營責任，經營者定期向所有者提供會計信息成為必然。與

經營活動相關的事件和資料，包括計算利潤的會計方法等，要在財務報告中加以充分披露。

隨著股份制企業和證券市場的日趨成熟，投資者不僅要求披露財務訊息，還要求更多地披露非財務訊息，如經營戰略訊息；主要指標數據變動的原因以及一些不確定的訊息，如金融工具利率和信用風險訊息；另外，還要求適度地披露未來的訊息，如財務預測報告等。

公司發行股票的時候，無論是在一級市場，還是在流通的二級市場，都必須充分披露相關訊息。一級市場上的招股說明書，二級市場上的上市報告，上市以後的季報、半年報、年報，以及臨時的報告如收購、配股等，都要披露。以至於有的企業披露不起，只得放棄上市融資的機會。

另一種違背充分披露原則方法是不充分地披露，即有選擇地披露信息。

片面的真理很可能是聰明的謊言。歪曲真相實際上是用不著捏造事實的，只需要有意識地挑選些片斷的事實，然後將其累加就可以了。世界上，無論是好的東西還是壞的東西，最怕的就是把它們一個一個地、別有用心地加起來了。

充分披露原則要求窮盡告知義務，有時甚至有類似「股市有風險，投資者入市須小心」或者「吸煙有害健康，煙民請自己保重」的警示作用。但是窮盡告知義務的充分披露原則並不保證每個人都能理解被告知的內容到底意味什麼。「看」與「看見」或者「聽」與「聽見」是兩回事。

Story of conservative principle

保守原則

　　保守要求反應快。

　　財務裡的保守又叫穩健、謹慎或者審慎。我剛踏進這一行的時候，我的一位優秀的前輩就曾諄諄教誨我要改變自己，重新做人，做個保守的人，審慎的人－－

　　「怎麼做才算保守？」我小心翼翼地問。

　　「反應要快。」他回答道。

　　「保守的人不是反應都應該很慢嗎？」我感到費解。

　　「反應慢的人早就被淘汰了，不配做財務，連簿記都不適合。保守有好的保守，也有壞的保守，好的保守是積極的反應快的保守，壞的保守是消極的反應慢的保守。財務的保守要求好的積極的保守。」

　　「那怎麼才能做到積極的反應快的保守呢？」我不解。

　　「遇到任何事的時候，首先要很快做判斷，是好事還是壞事。如果是壞事，即使只是可能的壞消息，也要立刻做出反應，可能的話要讓所有人都知道，至少你的老闆得提前知道，還要在財務報表裡提前反映。」

　　「那麼是好事呢？」

　　「是好事的話，反應也要快。第一反應就是要懷疑，要懷疑所

有的好事，要堅信世界上沒有免費的午餐。」

「如果真是好事呢？真有可能的。」

「腦子反應也要快，要在最快的時間內估算出好事有多好，但是不能說，最好不要讓所有人知道。」

「包括我的同事，我的老闆？」

「是的，特別是你的老闆。不能說，要屏住。」

「屏到什麼時候？」

「屏到屏不住的時候。」

「為什麼呢？」我特不解。

「因為好事多磨，誰知道中間又會發生什麼事。好事越早說出去，多磨的可能性越大。而且，所有人，特別是你的老闆對好事的期望值隨著時間的推移越來越高。」

「那麼，壞事為什麼會越早說越好呢？」我追問。

「所有壞消息，越早知道，危害越小，至少心理承受能力上是這樣的。何況，有風險預警，人的反應能力會突然增強，加上給了足夠的時間，就有可能找到減弱或者消除壞結果的辦法。」

「一句話，」他總結道，「就是寧可承認不確定的壞消息，也不承認可能的好消息。」

就這樣的一句話，十幾年下來，我成了對於一點風吹草動都會跳起來的積極保守的財務人。

在財務的所有準則裡，對財務人的個性影響最大的就是保守原

■保守像墨汁一樣，滲透在財務人的血液裡，是財務人員心底擺脫不了的戒律。

則。保守像墨汁一樣，滲透在我們的血液裡，是財務人員心底擺脫不了的戒律。

保守原則要求在不確定的資產評估或盈虧計算時，要充分估計到風險和損失，選擇對財務結果較為不利的那一種。

具體做法就是推遲確認可能的收入，盡早確認可能的費用，低估資產，高估負債。比如對預提應收帳款中的可能收不上來的損失，建立壞帳準備；記錄期末存貨時，比較成本和市價選最低的價格記錄；用「後進先出法」對發出存貨進行計價；固定資產按「加速折舊法」計提折舊等。總之，有不確定因素存在的時候，總是「選低收入，選高費用」。

企業的研發包括研究和發展，其性質跟固定資產很像，都是為了明天的收益在投資。但是因為研究的時間和結果太不確定，財務人員不知道應該如何折舊，出於保守起見，便將它一股腦當做費用處理，在研究費用產生的當時一次性歸入管理費用之中。對於發展，則可以歸入資本化的費用，在一定時段內分攤。

有意思的是，在實踐過程中，保守原則與財務的其他原則在很多情況下是互相矛盾的－－

保守原則將現在尚未發生的、未來可能發生的損失、費用提前計入利潤報表，這顯然違反了「不是本期發生的費用均不得計入本

期」的權責發生制原則。

配比原則要求，一定會計期間的各項收入與其相關聯的成本、費用應在同一會計期內確認計量；保守原則體現的則是，盡可能在當期確認可能的損失、費用，滯後確認或者乾脆不確認可能的收入。

歷史成本原則要求「各項資產應當按取得時的實際成本計價。物價變動時，除國家另有規定外，不得調整其帳面價值。」但在保守原則下，存貨可以採用成本與市價孰低法計價。

可比性、一致性原則要求，會計核算應當按照規定的會計處理方法進行，會計處理方法前後各期應當保持一致，並且不得隨意變更。但是保守原則允許企業根據自身具體情況的變化改變會計核算的方法。根據保守性原則，不同企業可以選擇不同的折舊方法、壞帳準備金的計提方法，這樣就破壞了會計的一致性原則。

矛盾衝突的結果往往是保守性原則佔上風。保守性原則保證財務報告裡的謊言是善意的，儘管它可能會使帳面獲利有時滯後於實際獲利。

保守原則是財務對外界環境中不確定性因素所做出的一種近似本能的反應，是對具有牛仔精神時刻充滿樂觀思想的企業領袖們的制衡。它似乎是為了驗證莫非定律（Murphy's Law）：塗滿奶油的麵包如果掉到地上的話，朝下的那一面八成是塗了奶油的。

未雨綢繆是件好事，但如果過分利用保守原則就有作假的嫌疑了。設立準備金的理由可以是為了準備客戶退貨，也可以是為了保證產品的保修期服務。一家跨國公司曾以提取準備金的形式，堂而皇之地註銷了數百萬美元的存貨，後來在年景不好的時候，又將這些存貨賣出，收入全部成為了利潤。

The banks never in need

只肯錦上添花從不雪中送炭的銀行

> 銀行家是晴天把傘借給你，雨天又凶巴巴地把傘收回去的那種人。
>
> —辜鴻銘

金融業是高風險的行業，也是最保守的行業。比如，在做房地產抵押貸款時，抵押價格的評估就採用「寧估少，勿估多」的保守原則，一座房子抵押價格只能在評估值的60％左右。當鋪的風險更高，因此所有綾羅綢緞進了當鋪的門都被認為經過了蟲啃鼠咬，必須大打折扣的。

英國傳統的銀行家永遠是一身黑衣，無論天氣如何，手裡永遠是把黑色的雨傘。似乎只有這樣裝扮才能博得客戶的信任，儲戶們這才放心自己的錢無論天晴下雨都會被保護好的。銀行為了規避經營風險，為了自保，一向以保守著稱，只肯錦上添花從不雪中送炭。

為什麼銀行是高風險的行業？美國商業銀行的損益表顯示，每100筆貸款業務中，銀行的收入即存貸利差是3％，而銀行經營管理的費用以及稅負佔到1.8％，銀行的利潤只有1.2％。這是個薄利的行業。

銀行的最大風險是不良貸款，一般銀行只能收回違約貸款價值的40％。這樣計算的話，如果100筆貸款中有3筆違約，銀行就要虧損。銀行為了生存不得不保守。

Conservation means being proactive
保守沉澱在財務的血液裡

保守的財務管理目的，是把企業的發展速度調整到一個適宜的水準上。就像火爐上的閥門，它調節燃料的輸入從而間接控制熱力生產。這些「燃料」包括資金的調配和資金的取得方式。

惠普公司曾經有很長時間都採用拒絕長期借債的保守方式，完全依靠自身力量高速發展。惠普公司強迫自己在沒有長期負債的情況下以平均每年20％的速度增長，資金的需求通過公司內部的積累和努力來實現，這種素質通常只在小型的、資金極其有限的公司裡看得到。

一個跨國公司的平均生命週期是40～50年。長壽公司各有各的特點，但又有一些共同的關鍵要素，比如對自己的周圍環境都非常敏感；公司有很強的凝聚力，員工有較強的認同感；具有寬容的文化；

財務上比較保守。

長壽公司以一種很古老的方式思考金錢的意義，他們知道在資產中保持一定結餘的重要性，它意味著行動的靈活性和獨立性，意味著競爭對手將處處被動，處處受節制。

拿破崙認為一個戰略領導人所具備的所有品質中最理想的是具備審慎的品質。在拿破崙眼裡，「審慎」表明的是一種行為，這種行為是隨經驗而增長智慧的結果。在事務管理中理智，在資源使用上節儉，在有危險或冒險時謹慎，在做出決策前運用智力和經驗，在行動時主動積極，是審慎的行為體現。

我曾對遇到的每一個從美國回來創業的朋友說，如果你真想在中國創業，首先一定要做預算。做預算時，砍掉你一半的預計銷售收入，加倍你的成本估計，然後把回款的時間比預想的延長4倍，如果這時你的財務預算報表還是不錯，你就可以開始創業了。

■長壽公司以一種很古老的方式思考金錢的意義，他們知道在資產中保持一定的結餘的重要性。

羅生門下的財務
報表

如何探究事實的真相？

羅生門下的疑問永遠存在。

不同的財務報表從不同的視角接近真相，

它們之間又是勾心鬥角，

互相制約的。

羅生門的故事

羅生門本是京都的正南門，人煙稀少，年久失修。有一天，傾盆大雨，煙霧瀰漫。在城門洞下，一個砍柴人談論起一件轟動當地的刑事案件：一個武士在樹林中被人殺害了。

3天前砍柴人進山去砍柴，在山路邊看到一頂女人用的斗笠，接著在地上發現一根斷繩，再往前走，砍柴人看到17支鷺羽大箭和黑漆箭壺，在一把木梳旁躺著一具武士的屍體。砍柴人趕緊到衙門去報官。差役抓住了殺死武士的強盜多襄丸。多襄丸攜帶的鷺羽大箭和長弓、桃花馬全是被害者的物品。在糾察使署的公堂之上強盜承認因見武士妻子真砂美貌，便騙武士說樹林中的古墓發現有古劍，願意帶武士去看。武士中計，隨他來到樹林中，結果多襄丸將其打倒，捆在了樹上。然後多襄丸又謊稱武士突然昏倒，將真砂引誘到林中，在武士面前，強暴了她。真砂性格剛烈，為了顏面的緣故，堅決要他和武士決鬥，在23個回合後，威震京都的多襄丸終於殺死了同樣武功不俗的武士，「能跟多襄丸斗上23個回合還真不多見。」糾察使署在尼姑庵裡找到真砂。在公堂之上，真砂講述的是另一個故事：她被強盜侮辱後，撲到武士身上哭訴，看到武士眼裡從未出現過的能殺人的冰冷眼神後，昏了過去，手中短刀誤殺了武士。糾察使署難斷真偽，請女巫把武士的靈魂招來審問，武士的靈魂借女巫之身說，強暴事件發生後，真砂唆使強盜殺他，他十分羞恥，拿起短刀自殺的。

在羅生門下，痛苦的砍柴人說這三個人都在撒謊。砍柴人說，其實他看到強盜與武士兩人的決門，在真砂的挑唆之下才交手的，兩人的武藝不像強盜所吹噓的那樣，而是稀鬆平常，最後武士被多襄丸刺中而死。

這是黑澤明拍攝《羅生門》的故事。這部電影在1951年威尼斯國際電影節上獲得「金獅獎」，是亞洲電影第一次獲得國際大獎。

《羅生門》的魅力在於不同的供詞敘述了對同一事件各人不同的結論。供詞的不同表面上是因為每個人所處的位置不同，維護的利益不同，深層的原因是人們在追述已往事件的時候，憑藉的往往是自己願意記憶的。

有記者問王永慶：「什麼是管理？」王永慶說：「管理就是報表。」財務裡三張主要的財務報表正是試圖從不同的角度全面反映商業活動的實際情況。這三張報表之間互相關聯，各有所重。

解讀財務報表時，要像《羅生門》裡斷獄的縣官一樣，兼聽則明，不至於被報表數字誤導，決策的失誤就會相應減少。

大清真寺裡的損益表

　　休假時我去古城西安。在厚重的長安城牆邊上，有一座很大的清真寺，名字就叫大清真寺。一進寺門，左邊是一排洗腳的浴室，穆斯林的教規要求洗淨腳做禱告。再往裡走，正中是做禱告的大殿，殿邊上立了塊石碑，上題「知足常樂」，四個字共享一個口字。轉過殿角，是內宅。在一堵牆上貼了一張紅紙告示，是寺裡的財務報表－－

收入：	
捐款	X X
法物流通	X X
－成本：	
法物成本	X X
－管理費用	
行政費用	X X
接待費用	X X
＝餘額	X X

　　財務報表的內容包括這一個月來收到的信徒捐款，出售法物禮品的收入（「流通」收入），法物的成本，還有所花銷的各種費用明細，例如浴室的燃料費、洗腳水的水費、寺內的電費和接待阿聯酋國代表團的外事費等。收入減去成本再減去費用，就是當月的餘額即利潤。

　　這實際上就是一張典型的損益表。

　　19世紀中葉以後，股份公司的形式從大英帝國開始逐漸普及開

來，所有者和經營者開始分離。企業的經營活動越來越複雜。看得見的現金越來越少，看不見的信用交易越來越多。企業的所有者迫切需要瞭解企業經營的好壞，特別是獲利能力和獲利的分配情況，這時，損益表開始出現。

從20世紀30年代起，世界經濟中心轉移至美國。企業的籌資方式由銀行貸款轉變為股票和長期債券。由於長期債券的安全保障更多地取決於企業的獲利能力，投資者開始關注損益表。

為了防止企業將資產重新計價所獲得盈餘用於發放股利，美國政府在20世紀20年代做出規定，企業股利的發放僅限於經營利潤。第一次世界大戰以後，所得稅逐步成為美國財政收入的主要來源之一。為了正確計算應稅所得，美國改變了原來以年初年末盤存餘額為基礎確定收入的方法，開始採用收入實現原則。這一切都使損益表的作用越顯重要。

損益表彷彿是一棵樹，果實是利潤，根基是收入，費用和成本都是枝幹和樹葉，以保證果實的成長。

收入－成本－費用－利息－稅負＝利潤

一個企業的利潤水準反映了企業經營管理的效果或者說是獲利能力，同時也是對於企業經營風險的報酬。一個企業的利潤如果低於它的資本成本，就是對社會資源的浪費。

損益表經常被用來衡量企業管理者一段時間的表現，有點像政績工程報告，反映任期內的工作成績。所有的CEO，以及所有想要成

為CEO的人都必須對損益表負責。就算你說你壓根不想做CEO也逃不掉的，因為CEO一定會把他所要承擔的損益表的責任分解給下面的每一個員工。

看損益表的利潤，不只是看數字的增長，更要看利潤的質量，明白利潤究竟從何而來。不只是瞭解產生利潤的商業模式，更要明白利潤背後的人的活動。李‧艾柯卡說：管理歸根到底就是3p（people、product、profits，人、產品、利潤）。人是首要的，利潤只是結果。聯邦快遞的創始人弗雷德‧史密斯也有類似的說法：人、服務、利潤，而不是利潤、服務、人。

Manage income statement
損益表管理

美國的《經濟學季刊》介紹黑社會販毒組織也利用損益表系統進行管理。販毒組織的收入除了毒品交易以外，還有保護費和會費。成本包括毒品的進貨開支，費用包括員工的薪金，僱請職業打手的特別費用（每個打手每月底薪是2,000美元左右），還有購買武器及支付死傷成員的殮費、醫藥費和安家費等。因為販毒業的毛利潤奇高，以及逃稅並且很少有壞帳損失，所以通常能取得高額的投資報酬。

損益表的費用結構往往體現了企業的戰略部署和資源配置。高技術以及需要創新產品的企業，研發費用會很高；正在開拓新市場的企業，銷售費用會提高很快；準備在現有市場基礎上深入挖掘的企

業，往往會提高員工的薪資、福利和增加培訓費用；企業如果進入衰退期，則會削減存貨，停止僱員，在蕭條期，就要縮減管理費用，甚至裁減僱員。

■損益表的費用結構往往體現了企業的戰略部署和資源配置。

通用電氣的戰略是成為所有涉獵行業的領袖，不是第一，就是第二。它的人力資源管理戰略是支付行業內最高的薪資，錄用最好的人才，並發揮其最大的效率，因而保持了最低的人力成本。

讀書要從頭看到尾，管理損益表正好相反，從利潤開始規劃，然後集中一切力量去實現它。從管理者的角度看，在損益表裡，越靠近利潤的費用越容易控制，越靠近收入的項目越難控制。

一個企業的獲利狀況如果低於期望時，有幾種辦法可以提高獲利狀況。

第一種辦法是企業可以提高銷售額，通過增加銷量提高利潤。這種方法需要時間，因為你必須尋找新的市場或者從競爭者手裡搶奪市場。

第二種方法是減少產品成本，同樣這也需要時間。你需要研究生產流程，找到效益低的環節，改善流程和工藝，與原料供應商進行曠日持久的談判。

第三種辦法，相對來說最簡單，也最容易控制，就是減少日常管理費用，而最容易見效的辦法就是裁員。這就是為什麼大公司遇到

困難時，許多CEO最先想到的也最擅長的就是大刀闊斧地裁員。這種改善損益表的辦法速度最快，而且華爾街多半時候也認可，企業的股價和市值都會因為裁員而上升。

在美國工作的時候，曾親眼目睹過大石油公司的週期性裁員。一大早，員工剛進辦公室，就接到人力資源部的電話，然後進房間談不了10分鐘，就見員工一手拿一隻白色信封，另一手拿一個紙盒走了出來。信封裡放的是一張公司支票，一筆不菲的遣散費，紙盒是為了裝自己的私人物品，當下交接走人。勞資雙方心照不宣，辦事效率很快。

長遠來看，大多數公司裁員的最終效果似乎並不如願。大幅度削減員工常常以問題多於利潤的結果告終。從人力資源管理角度來說，員工對企業忠誠的根基也發生了動搖。傳統的企業人自願或被迫地轉變成職業人。

■讀書要從頭看到尾，管理損益表正好相反，從利潤開始規劃，然後集中一切力量去實現它。

Balance sheet of pirates

海盜時代的資產負債表

損益表是最常用到的報表，但最早出現的財務報表不是損益表，而是資產負債表，又叫平衡表。損益表幾乎人人都看得懂，但是對於專業的財務人員來說，更偏好資產負債表。

資產	
貨物	X X
船隻	X X
負債	
應付船員報酬或撫恤金	X X
應付關稅	X X
所有者權益	
投資＋淨利	X X

19世紀中葉之前，企業的財務報告只有資產負債表。那時候，海上貿易盛行，當然也是海盜的黃金時代。船主一般都要尋找充滿冒險精神的航海家作為船長。那時候的船長形象多半是獨眼的火槍手，裝一條假腿，滿眼是滄桑和冷漠。

海上貿易的報酬很高，同時風險也很大。這種風險更多體現在資產的安全上，船長的挑戰往往是在海難關頭決定是棄貨還是棄船或是棄人。

平衡表列示了資產和負債的詳細情況，差異是所有者的權益。船主即所有者最關心的就是年終的淨資產，那時的所有者權益即淨資產就是獲利的標準。政府也借助資產負債表徵稅。在德國有一段時期的稅率就是依據債務額和不動產的相對比率來確定的。

■什麼樣的資產負債表可以被認為是健康的呢？要有比較高的流動資產，相對高的淨資產，足夠的留存利潤，相對低的負債。

專業人士看資產負債表

既然定義所有者權益為資產減去負債,那麼,資產就永遠恆等於負債加所有者權益。這就是永恆的資產平衡公式:

$$資產 = 負債 + 所有者權益$$

就這麼簡單。這是一個通過同義反覆的技巧達到恆等境界的天才創造。馬克思‧韋伯說它是人類史上最美妙的發明之一。在數學裡,這種自循環的回歸方程是有很大問題的,但是在這裡它使複式記帳法得以貫徹始終。

看資產負債表主要看資產的組成,看債務的結構,看資產與債務的關係即償債能力。什麼樣的資產負債表可以被認為是健康的呢?一般來說,要有比較高的流動資產,相對高的淨資產,足夠的留存利潤,相對低的負債。

資產負債表受所在行業特點的影響,像管理諮詢培訓等服務公司的資產負債表都簡單得令人不可思議,沒有存貨,沒有應收款,沒有短期借款,沒有長期負債,現金佔資產的比例很大。

企業的內部審計一般都是從資產負債表開始的。對於會計師來說,資產負債表就像比基尼,它展露出的東西很有意思,但它所隱藏的東西才是關鍵。

閉上眼睛，像坐在電影院裡一樣想像資產負債表上的數字，每一個數字的背後都有一系列的流程，都是一個個故事－－

比如在資產類裡，現金有現金管理流程，應收款有應收款管理流程，庫存有庫存策略，固定資產有固定資產控制辦法；在負債類，能看到公司的付款流程，還有貸款流程；在權益類，能看到紅利分配原則。

然而，資產負債表也有其缺陷。資產負債表只反映報表當天的財務狀況。過了這一天，任何事情都有可能發生。在年底或月底的時候，資產負債表可能會被操縱，比如臨時拆借的現金會在報表的第二天像洩洪一樣急劇減少。

The different culture behind balance sheets

資產負債表背後的文化

史蒂芬·柯維在講成功學的時候，也喜歡用資產和負債的平衡比喻。他說：

每個人都在別人的心裡開設了一個情感帳戶，你的誠信、熱情、正直和愛是存入感情帳戶的資產，你的自私、失信、貪婪等是情感帳戶的負債。在他人心目中，衡量你的個人價值可以用權益的概念，即資產減去負債。如果權益值是負數，說明你在別人心目中已經破產。一個在情感上破產的人是不值得投資的。

基督教的人生觀是從資產負債表的負債方開始的。基督教的原罪概念相當於人類生來就背負著的負債。為了保持平衡，不致出現負權益，新教倫理要求人們在俗世努力工作、克勤克儉多積累資產。每個人在天國那兒都有本帳，最終都要平衡。

　　佛教的人生觀是從資產負債表的資產方開始的。佛教要求人們盡可能地減少負債，寬容大度，與人為善，別做壞事，功德的積累如同資產的積累。信佛的人說，人生的樂趣是從創造中來的，而很少是從消費中來。換作資產負債表，就表示增加資產的樂趣遠大於增加負債的樂趣。

　　文化差異對資產負債表的結構也有不同的影響。傳統的英國式資產負債表將企業的負債列示在報表的左上方，即最為重要的位置上；而美國式資產負債表則將流動資產放置在最顯眼的位置上。保守的英國人總是首先觀察其負債狀況，然後再看其是否有足夠的資產去償還它們。而美國人則傾向於自身企業的完善，即著眼於瞭解其資產狀況，至於觀察負債，不過是為了確知其對資產所有權的份額而已。

　　在20世紀的四五十年代，前蘇聯的經濟發展中心是重工業，並將大力發展重工業視為其經濟的基礎。在這種宏觀政策下，企業的生產能力是企業財務狀況的中心內容。同時，從來源方面講，政府投入資金佔全部資金來源的比重極大。因此，前蘇聯的資產負債表格式便將固定資產與法定基金放在了最重要的位置上。

　　中國過去計劃經濟時代的資產負債平衡表公式是：所有者權益＝資產－負債。形式上雖然只是在調整等式左右的排列，但是性質完

全不一樣。換用那時的語言就是：劃撥來的資金＝應用了的資金。國家財政部或其他部劃撥資金給企業，企業用來購置資產，按國家計劃和任務組織生產，按照中國國家規定的牌價出售，所有利潤，如果有的話，也上繳國家。企業成為一個生產工廠，財務自然就簡單得多。一般來說，一個會計一個出納就夠了。會計管統計，出納管現金，如果需要開會應酬再增加一個會喝酒的科長或主任就行了。結果是，中國長期沒有專業財務人員，特別是具有獨立思考精神的職業財務管理者。

From managing income statement to managing balance sheets

從管理損益表到管理資產負債表

相對於損益表，資產負債表披露更多的財務信息，這些信息不全是一些簡單的加減計算，更多表現的是管理藝術。讀福特公司的年報，有近300頁的附註，200多頁是與資產負債表有關的。

財務報表管理的真正智慧往往體現在管理資產負債表上。

損益表的核心是淨利潤的增加。從概念上說，淨利潤的增加必然帶來所有者權益即淨資產的增加，自然是好事。但是，實際情況要複雜一些，對管理者來說理解利潤是怎樣增加的更重要。生產型企業可以通過大量生產、規模效益來降低固定成本，這樣會提高產品的毛利潤率，增加利潤，損益表會很好看，但是資產負債表上會發現存貨大量積壓，現金被消耗，這種利潤的增加不可能持續；銷售性企業可

以通過大量賒銷或者壓庫增加收入，損益表也會很好看，但是資產負債表上的應收帳款急增，這種情況也無法長期持續。

資本性投資的時候，比如為了增加企業未來的競爭力進行規模擴張或技術改造，花很大一筆錢購買一套先進設備，這筆投資反映在資產負債表上，在損益表上只是以折舊的形式部分反映，對資本性投資的管理就必須依賴資產負債表。

美國通用汽車的創始人斯隆（Alfred Sloan）在他的回憶錄《我在通用汽車的歲月》裡說，在市場發展的高峰期（19世紀20年代），我最擔心的有三件事，一是投資過分，二是庫存積壓，三是現金短缺。這三件事都與資產負債表密切相關。

管理資產負債表的目的就是在不增加收入、不減少費用的情況下，改善公司的財務狀況。特別是對於利潤率比較低的行業，比如零售業、家電業，以及像聯想那樣的電腦硬件廠商，管理資產負債表尤其重要。

減少應收帳款的時間，加快庫存的周轉期，延長應付帳款的時間，這樣可以在收入和費用沒有變化的情況下，加速流動資金的周轉，提高變現的能力，用錢來賺錢。

一家優秀公司的背後一定存在一張強大的資產負債表。

■ 管理資產負債表的目的就是在不增加收入、不減少費用的情況下，改善公司的財務狀況。

From traditional blue cloth wallet to cash flow management
從藍色包袱帳到現金流量表

光有損益表和資產負債表還不夠。

1988年7月,美國財務會計準則委員會(FASB)決定把「現金流量表」作為一種新的會計披露方式,與資產負債表、損益表一道向有關訊息使用者傳遞企業的各種會計訊息。

計算淨現金流量的公式如下:

現金流入-現金流出=淨現金流量

實際上,「現金流量表」很早就以藍色包袱帳的形式存在了。以前的商人記流水台帳,記錄內容主要是當日的進、出貨數量和金額。收入的錢減去支出的錢就是盈餘,將每天的餘額累加起來就能得到一個月的營業結果。那時候還沒有保險櫃,商家準備一個結實的藍印花布包袱,錢全收在包袱裡,需要的時候就從包袱裡往外拿。到月底的時候,把包袱抖出來,仔細清點,跟帳本上的數字核對核對,如果沒有出入,現金帳就算軋平了。

現代企業的現金流量表的編制有兩種辦法,一種是所謂間接法,從損益表的結果出發倒推現金流的變化;另一種是直接法,跟藍色包袱帳的原理和做法一樣,純粹以現金的流進流出為記帳原則。無論用哪一種辦法,結果都是一樣的。

不過，我個人更傾向並且極力推薦直接法，雖然間接法通過財務系統軟體可以輕易獲得，但是通過直接法得出的報表更直接，看上去更簡單，而簡單的東西總是更易於管理。

一般來說，企業經營活動的現金流量越大，流速越快，企業的財務基礎越穩固，企業的適應能力與變現能力越強，抗風險能力也就越強。在利潤和現金流之間選擇的話，投資者更關心現金流。

現金流的基礎是收付實現制，不會因為會計標準的不同而有所區別。大多數情況下，損益表要比現金流量表更討人喜歡。損益表的基礎是權責發生制，權責發生制確認收入、支出的時間和現金實際收支的時間有可能不同。利潤與現金流變動方向有時會不一致，特別在記帳方式調整的時候。比如，固定資產的折舊方法由加速折舊變為直線折舊時，報告上折舊費用減少，利潤數字增加，但是現金並沒有增加。庫存的先進先出法和後進先出法之間相互轉換時，利潤會受影響，但是現金流也不會有變化。

美國財務會計準則委員會（FASB）在解釋現金流量表的特點時這樣說道：

「現金流量表很少涉及確認問題，因為一切現金在其發生時均已予以確認。報告現金流量不涉及估計或分配。同時，除了在現金流

量表中有關項目分類以外，也很少涉及判斷。」

　　也就是說改變會計方法一般不會影響到現金流量表。一般公司製造假合約比較容易，但是要假造現金流就比較困難，因為公司的現金數字，必須與銀行的公司存款餘額對帳，而銀行的內部帳必須與所持現金額持平，除非連夜趕製假鈔，否則現金額不可能無中生有地憑空多出來。審計現金流量表也很簡單，與銀行對帳單核實就行。這對於假帳的製作者來說是個最大的挑戰。

　　一位會計師說他就遇到過敢於迎接此挑戰的人。他的客戶是一家上市公司，與當地的銀行經理合作，利用存款做金融投資，結果大虧。在年度審計的時候，銀行經理偽造了銀行公章，在銀行對帳單上簽名蓋章。會計師按照固定的流程審計，原則上不對提供的材料做真偽判斷。此事竟隱瞞了3年。直到有一天這位銀行經理獲得陞遷，新任經理上任，這才真相大白。

Manage cash flow

管理現金流量表

　　除了日常經營以外，現金也可以從另外兩種通路獲得。一是融資，賣股票、賣債券、去銀行貸款都可以得到現金；二是投資，買其他公司的股票、買其他公司或者國家的債券都是投資，把多餘的廠房設備出租，甚至把多餘的技術人員出借，也是投資，投資好的話也可

以獲得現金報酬。管理現金流量表除了管理總量以外，還要關注現金的來源方式。

企業的性質或者經營者的理念不同，現金來源的性質和風險也就不同。做實業的大多會默默耕耘於自己擅長的生產銷售，有的企業也會多元化經營，除了二級市場的金融投資外，還會直接涉足金融業作為補充和保障，特別是大型企業，成立金融服務公司或者租賃公司，既可以為客戶提供附加的金融服務，促進產品銷售，同時也解決了日常經營的現金回籠問題。

我在全錄公司工作的時候，就曾奉命組建中國的租賃業務團隊，為客戶提供融資租賃。在VOLVO，同樣，融資對於代理商和客戶都非常重要，我的很多工作時間都花在跟銀行和金融服務公司的溝通協調上，至少比管理財務報表的時間要多。沒有金融服務公司推動現金流的快速周轉，大型設備行業很難高速發展。

至於現金從何而來，管道並沒有必然的好壞之分。只有一個原則，就是好的現金流入通路應如同滔滔江水一樣延綿不絕，而要做到這一點，源頭是關鍵。朱熹詩中說：「半畝方塘一鑒開，天光雲影共徘徊。問渠哪得清如許？為有源頭活水來。」

源頭突然的斷流會使企業休克甚至死亡的，德隆（編按：曾是中國最大的民營企業，因涉嫌掏空與違法交易遭起訴。）就是個典型的例子。德隆公司利

> ■企業現金從何而來，管道無好壞之分。只有一個原則，就是好的現金流入管道應如同滔滔江水延綿不絕，而要做到這一點，源頭是關鍵。

用各種融資方式進行一系列的資本運作,通過資產併購投資了177家企業。在一片牛市的呼聲中,由於央行的一紙規定,使原本緊張的現金鏈最終斷裂,引發了骨牌效應。不熟悉德隆的人都很感意外,因為德隆的業績即損益表從未有過下跌現象。

2008年第4季度,由於經濟危機的影響,全球市場疲軟,VOLVO集團公司出現少見的季度虧損,銷售急劇下滑,利潤飄紅。損益表和資產負債表都很難看。很多人都擔心股價會暴跌,但是,很奇怪的是股價不跌反升。其中一個重要原因是,由於減少開工,嚴格控制庫存,結果現金流開始快速好轉,投資者看到現金流量表感到放心。

The roles and responsibilities of Three Reports
三大報表的鉤稽關係

文藝復興時代,意大利的亞平寧半島上住著一個僧侶叫魯卡(Luca Pacioli),他與達文西同一時代,也有跟達文西一樣的喜歡觀察和琢磨。他發現每一項業務的交往都牽扯到至少兩個會計科目,於是發明了複式記帳法。複式記帳法要求每記錄一筆交往的時候,都會在兩個或兩個以上科目之間增增減減(「借貸」)。比如產品賣出去的時候,損益表上的收入增加,成本也會增加,資產負債表上的庫存減少,如果有賒銷,應收款會增加,如果現金收進來,現金就會增加。

複式記帳法的美麗之處是會計科目之間始終平衡,如果出現不

平衡，一定是記帳人員在計算或者歸類上面出現了錯誤。這種記帳方法的結果就使得三張報表之間勾心鬥角，互相關聯。

概括來說，三張報表的主要鉤稽關係用文字表述，就是：

- 資產負債表上的期末期初的現金的差異恆等於現金流量表的淨現金流量。
- 收入增加，意味著現金流量的增加或者未來現金流量的可能增加。
- 費用增加，意味著現金流量的減少或未來現金流量的可能減少。
- 收入增加，必然引起資產的增加和負債的減少。
- 費用增加，必然引起負債的增加和資產的減少。
- 利潤增加，必然引起所有者權益的增加。
- 資產幫助增加淨收入。
- 負債則減少淨收入。

從設計原理上說，三張報表結合在一起基本排除了做假帳的可能，會計師如果依據財務準則盡職盡責調查的話，沒有什麼假帳是查不出來的。

我在上海灘上遇到一位老法師。他已經退休了，在好幾家財務諮詢公司裡掛個顧問的頭銜。老法師說，看財務報表就像相人一樣。有的人滔滔不絕，但你就是沒法相信他。有的人一句話也不說，但你已經懂了他好多。關鍵是要相中這個人的本質。本質是好的、是健康的，有時偶有差池也沒有大的問題；本質如果不好、不健康，再怎麼塗脂抹粉都是靠不住的。「看本質就是看這裡。」老法師用手指指自己的心窩。

How to read finance reports correctly

解讀財務報表

　　「怎樣解讀財務報表？」以前有很多人問我。我便找來幾張紙，拿一支筆，還有一個函數計算器，開始誨人不倦地講解。

　　我越講越多，越講越精神，但是，往往對方越聽越厭倦，越聽越不想聽。我曾經學過新聞學，我知道溝通出了問題，如果不是方式就一定是內容不對了。「我是在解釋怎樣解讀財務報表呀。」我小心翼翼地解釋道。很快，我就明白這不是對方想要聽的。

　　很多人真正需要的是在最短的時間內，以最快的速度，通過最簡單的方法學會看懂財務報表。特別是那些投資股票而又相信價值投資的人，他們需要速成法。一切都要快，無論做什麼，快是最重要的標準，否則就會被淘汰的。這是時代的要求。

　　我與各種財務報表打交道十幾年，我也一直在苦苦尋找解讀財務報表的最簡單、最快同時又是最好的辦法，可是直到現在我也沒有找到。

　　我想如果這個世界上真有這種速成法的話，從邏輯上來說，必須有一個潛在的前提，就是有這樣一個基準，或者說有一個最好的、理想的財務報表存在。任何報表都可以拿來與其相比，這樣就可以在很短時間內找到差異，並因此做出這個公司是好是壞的判斷，憑此來進行商業決策，投資也罷，經營也罷。

　　如果能有這樣一個樣板和楷模就好了。我一直尋尋覓覓，希望

自己能夠找到，或者管理出這種理想的財務報表，它所反映的所有財務比率都完美，所有的資產負債結構都協調，所有的費用都精簡到無可挑剔的地步。然而，我沒有找到，也沒能管理出。

有一天，醍醐灌頂般地，我找到了我找不到的原因，那就是因為最好的財務報表不存在。這個世界上壓根就沒有這樣理想的標竿。我不再相信會有那種號稱幾分鐘或者幾個小時或者幾天就能學會的解讀報表的方法。

比率分析是解讀財務報表的一種很有效的手段。但是，要想在很短的時間內，僅憑報表的幾個數據或者比率就對企業的財務狀況下判斷，是不可能的。這種解讀方法無非是斷章取義，會嚴重誤導報表使用者的。我的個人經驗是解讀這些智慧的結晶，需要足夠的時間和耐心，我沒有找到更好的捷徑，只有一些原則作為參考－－

- 讀財務報表不能只讀一種報表。至少三張主要的報表都要看，否則就像瞎子摸象，會被片面的真相誤導的。
- 讀財務報表不能只讀一期的報表， 比如一個月或者一個季度。一期的報表裡可能會隱藏很多一次性的結果。企業的經營像流水一樣持續不斷，要想瞭解真相，往回追溯一定長的時間是個比較好的辦法。往回看得越遠的人，就有可能往前看得越遠。
- 讀財務報表不能只讀一家公司的報表。瞭解競爭對手很重要，你不需要必須最好，但是需要至少比競爭對手好一點兒，至少在某一些方面。

- 讀財務報表不能只讀一種行業的報表。分析產業鏈的上下游行業，能使你更明白自己的狀況。你可以在網上找到相關行業的平均比率，作為比較時的參考。

- 世界是平的，一個國家的經濟發展又與世界其他國家緊密相關。讀財務報表有時還需要關注世界經濟形勢，比如對於環保和新能源的要求，促使一些相關企業不惜以犧牲利潤為代價，加大新能源方面的研發成本。

- 另外，讀財務報表不能只讀數字不讀註解。註解的字體一般都比較小，但卻非常重要。財務報表裡最重要的部分即假設條件，一般都說明在註解裡。

- 還有，讀財務報表不能只讀過去不讀將來。對於投資者來說，現實不那麼重要，更重要的是未來。只有知道下一步會發生什麼，才可能知道下一步應該做什麼。

Fatal Ratio

Chapter **10**　生死比率

比率是一種最有效的財務分析方法。

也許，

比率分析難以幫你找到問題的正確答案，

但是它能夠幫助你問出正確的問題。

速率殺人

好萊塢有部電影專講速率殺人。《Speed》（台灣片名：捍衛戰警」；大陸片名：生死時速）裡的退休警官培恩為了對這個不公平的社會進行報復，在一輛滿載乘客的巴士汽車裡安裝了定時炸彈。只要車子的速度一旦超過每小時50英里就不能再減速，否則便會引起爆炸。車廂外藍天白雲，景色優美宜人，汽車卻保持著高速在公路上穿梭，炸彈隨時可能爆炸的陰影籠罩在車內每一個人心頭。這部電影的故事很簡單，但是節奏扣人心弦。這裡的速率本身成了殺人的工具。

財務分析裡最常用的方法就是利用各種財務比率。比率能夠幫助挖掘財務報表裡的深層東西，企業經營狀況的任何變化都會最先反映在財務比率的變動上。

最早的比率分析出現在銀行領域，主要是為了幫助銀行家判斷借貸的風險。資本市場形成後，財務比率成為投資人手裡的羅盤，往往通過比率分析預測投資風險，決定是否投資。公司組織發展起來後，財務比率擴大到內部分析，為改善內部管理服務。

不比不知道

這是一個常識性的測試，如果是用眼睛看而不是用心去數，人

類能夠一眼看到的數一般最多是4個，有些人可以看到5個，超過5個以上的東西就必須用心去數了。在20世紀初，生活在中南非的一些土著人對數字的理解還是停留在1和2上。超過4以上就是很多，只能用頭上的頭髮表示了。據說0是最後一個被人類發明的數字。

當金錢從具體的實物貨幣走向紙幣和電子貨幣的時候，抽像的財務數字出現了。而且數字越來越大，量變導致了質變。對很多人來說，財務數字好像走上一條不歸路，脫離了它本來代表的實物，而走向純粹的數學數字，結果是越來越多的人看不懂財務數字。

不比不知道。財務的比率分析一是縱向的歷史比較，二是橫向的行業比較，三是比較財務數據之間的內在結構關係。如同《達文西密碼》一樣，比率分析是財務裡的符號分析學。

IBM的廣告利用張衡發明的地動儀說明實時響應能力。當地震波到達時，地動儀內部的一根立柱就會倒向發生地震的方向，該方向的龍嘴隨之張開，吐出一個小銅球，掉到下方的蛤蟆口中，給人發出地震的警報。財務比率也有類似的預警作用。

財務比率可以有很多種，一般常用的也有十幾種。實際上如果你願意，你可以做任意的比率計算，只要你能明白比較的意義。比如在馬克思的政治經濟學中，馬克思把商品價值劃分為三類，就是固定資本、可變資本和剩餘價值，把利潤率定義為剩餘價值與固定資本和可變資本的比率。如果使用更多的機器即固定資本和更少的工人即可變資本的話，分母增大，比率即利潤率將會減少。這與我們現在理解的通過對固定資產的投資增加利潤率的常識相違背。其中的根本原因

是，兩個利潤率的概念不同，現代企業定義的利潤率是利潤與銷售額的比率，與機器和工人沒有直接關係。

我個人最喜歡使用的是一種很簡單的比率分析方法，就是把財務報表裡的所有數字都除以銷售收入。在損益表上，可以看出每賣出100塊錢的產品或服務時，成本是多少錢，各種費用多少，最終能獲利多少，這樣可以很快發現利潤被哪種費用消耗掉了；把資產負債表上的所有數字都除以銷售收入，可以看出每賣出100塊錢的產品或服務時，多少資產比如應收款或存貨被利用了，或者多少借款被佔用了。

最常用的四種比率

財富500強美國公司最常用的四種財務比率

流動比率：是流動資產與流動負債的比率。

負債權益比：指長期負債佔股東權益的比率。

利潤率：指利潤佔收入的比率，包括毛利潤率和淨利潤率。

淨資產收益率：也叫權益報酬率（ROE），是淨利潤與股東權益的比率，它衡量公司股東的每一塊錢的獲利。

第一種是流動比率，是流動資產與流動負債的比率。為了有能力償還短期借債，流動資產一般應該是流動負債的1.5～2倍，流動比

率為1.5：1〜2：1。為什麼流動資產要比流動負債多出50％〜100％呢？主要是因為流動資產中存貨的變現能力相對弱。如果去掉存貨，剩下的如現金和應收帳款，一般只要略大於流動負債就可以了，否則的話，日常的現金流就會出現問題。這種測試方法也叫酸性測試，好像化學裡的PH值試紙一樣。

$$流動比率 = \frac{流動資產總額}{流動負債總額}$$

流動比率如果超過2倍會不會更好呢？對於短期債權人來說流動比率自然是越高越好，表示償債能力越強，但是對於公司股東來說，過高的流動比率可能是個負面的信號，顯示公司的資產運用過於保守，造成了不必要的資金浪費。

第二種比率是負債權益比，指長期負債佔股東權益的比率。股東權益的來源有兩個：一是股東的資本投資；二是企業獲利。負債權益比反映的是資產負債表中的資本結構，顯示財務槓桿的利用程度。

負債權益比也是一個敏感的指數，太高了不好，債務風險太大；太低了也不好，顯得資本運營能力差。在美國市場，負債權益比一般是1：1，在日本市場是2：1。行業不同， 財務槓桿的利用程度也不同。去銀行借款時，銀行家看重的就是負債權益比，長期負債如果超過淨資產的一半，銀行會懷疑企業還貸的能力。許多公司的資金鏈條之所以突然斷裂，一個重要原因就是因為負債權益比太高，銀行不敢再向其融資了。

$$負債權益比 = \frac{長期負債}{所有者權益}$$

第三種是利潤率，包括毛利潤率和淨利潤率。毛利潤率指毛利潤與銷售收入的比率，毛利潤率反映的是產品本身的獲利空間的大小。淨利潤率指淨利潤與銷售收入的比率，反映企業經營活動的獲利能力。利潤率是損益表的重要指數。

$$利潤率 = \frac{銷售利潤}{銷售收入}$$

在餐館吃飯時，精明的人最不常點的是什麼？那就最好看看菜單裡毛利率最高的是什麼。鮮搾果汁的毛利率可以高達90％以上。在超市中，買什麼東西最划算？那就最好看看什麼東西性價比最高，即相對毛利潤率最低。超市的自有品牌產品，往往因為跳開中間環節，成本會低一些，同時要與有品牌的產品競爭，在同等質量的條件下價格要低很多。

利潤率高對於企業來說自然是件好事。但是，利潤率並不等於利潤。過度追求利潤率，容易走入另一個陷阱。20世紀70年代的全錄公司曾經醉心於影印機的高利潤率，不斷開發速度更快、功能更多、毛利潤率更高的機型，結果忽視了資產的周轉，忽視了市場，最終並未能帶來預期的高利潤。

世界上最富有的公司不是那些有超高利潤率的高科技公司或

房地產公司,而是傳統的零售店沃爾瑪。沃爾瑪的口號是「每天低
價」,獲利靠得正是規模效應和快速的周轉率。

在以貿易為主的企業裡,還有一種類似的比率叫加成率(mark
up)。比如批發買進100塊錢一副的太陽鏡,你加上50元毛利潤,以
150元的價格賣出去,這時你的加成率是50%(=50/100),以進
價為分母;而你的毛利潤率只是33%(=50/150),以售價為分
母。

第四種是淨資產收益率,也叫權益報酬率(ROE),是淨利潤與
股東權益的比率,它衡量公司股東的每一塊錢的獲利。俗話說的「一
本萬利」指的就是10,000:1的淨資產收益率。對於投資者來說,一
個項目或金融產品是否值得投資,衡量的一個重要標準就是淨資產收
益率,15%是很多投資者的平均目標,這是10年期長期國債利率的
3~5倍。緊抱價值投資原則不放的巴菲特最看重的財務比率就是淨
資產收益率,他所管理的資產公司平均年收益率都在30%以上。

$$淨資產收益率 = \frac{稅後淨利潤}{股東權益}$$

淨資產收益率將損益表和資產負債表聯繫起來,揭示經營與投
資的關係。巴菲特不滿足於僅僅做投資家,他也以公司股東身份介入
公司的管理。企業家應該像投資家一樣管理企業,投資家也應該像企
業家一樣做投資。

在巴菲特看來,要提高淨資產收益率並不複雜,只需要採取以

下措施就可以了：

　　1. 加快資金周轉；

　　2. 增大毛利潤；

　　3. 少交稅；

　　4. 增大槓桿效用；

　　5. 利用廉價的資金。

　　發明標準成本方法的唐納森・布朗在加入通用汽車公司之前，曾是杜邦公司的一名銷售人員，做過多年的銷售工作。當時杜邦公司管理層迫切希望能夠尋找到一種衡量企業經營效率的辦法，唐納森發現淨資產收益率與銷售利潤率、資產周轉率、負債權益比存在正相關的聯繫，於是設計了一種直觀的實用方法，就是著名的杜邦分析法。它的基本原理是將股東權益報酬率（ROE）分解為多項財務比率乘積：

$$ROE = \frac{淨利潤}{所有者權益}$$

$$= \frac{淨利潤}{銷收入} \times \frac{銷貨收入}{總資產} \times \frac{總資產}{所有者權益}$$

$$= 銷售淨利潤率 \times 總資產周轉率 \times 財務槓桿$$

　　這樣，管理者就可以有三個辦法來調控ROE：一是單位銷售收入擠出的獲利，即利潤率。利潤率越高，ROE越高；二是已動用的單位

總資產所產出的銷售收入,即總資產周轉率;總資產周轉率越快,ROE越高;三是用以為總資產提供融資的資本數量,即財務槓桿。財務槓桿的比例越高,ROE也就越高。這三種辦法可以像拳擊一樣組合使用。

杜邦分析法後來被很多公司包括通用汽車公司採用,成為一種管理公司獲利能力和股東權益報酬水準的有效方法。唐納森本人也因這一方法的發現在杜邦先生親自指令下正式轉入財務部工作,職位是初級的司庫助理,後來斯隆慧眼識英雄,把他招至通用汽車公司出任財務副總裁。

通過提高利潤率,加快資金周轉以及合理利用財務槓桿可以提高淨資產收益率。不過,當一個公司獲得經常性的較高的股東權益報酬率時,它就會像一塊磁鐵,吸引競爭者急切地想要與之競爭,當競爭者進入市場後,增大的競爭壓力使成功公司的股東權益報酬率回到平均水平。反之,經常性的低股東權益收益率會嚇跑潛在的新競爭者,也淘汰掉部分現存的公司,這樣經過一段時間後,倖存下來公司的股東權益收益率上升到平均水平。

用不著法律干預,個人的利害關係與慾望,自然會引導人們把社會的資本盡可能按照最合適於全社會利害關係的比例,分配到中國一切不同的用途。

—亞當‧史密斯(Adam Smith)《國富論》

亞當‧斯密的自由經濟思想特別強調市場機制的「看不見的手」的調節作用。他認為,如果某一行業的投資太多,利潤率的降低會糾正這種錯誤的分配。亞當‧史斯密在這裡說的利潤率,更準確地說就是指權益報酬率。

比率問題

電影《雨人》是湯姆‧克魯斯和達斯汀‧霍夫曼聯袂主演的感人電影。影片中,達斯汀‧霍夫曼飾演哥哥雷蒙。雷蒙患有嚴重的自閉症,無法與人正常溝通,但卻是個數字天才。雷蒙的經典台詞是:「1是壞的,2是好的。(One is bad, Two is good.)」數字表達的是珍貴的手足之情。

我在做財務分析工作的時候,幾乎每天甚至在夢中都在與各種比率打交道。在食品公司工作的那段時間,有許多品類(SKU)的毛利潤率很薄,有的真如刮鬍刀片一樣薄,稍不注意,就會算出負值來。如果毛利潤率連續幾次為負值,這個品類將被淘汰。如果是由於財務上的計算錯誤,特別是利用了錯誤的預測假設,那麼一個實際上獲利的產品就會被人為葬送。生死之道,真的就在這尺寸之間。

■比較財務比率可以幫助投資者過濾虛假的財務訊息。雖然它不能一下子提供正確答案,卻能幫助你理清思路,問出正確的問題。

　　比較財務比率的異常變化還可以幫助投資者過濾一些虛假的財務信息。據說，幾年前「藍田神話」的破滅也是從比率分析開始的。湖北這家以養殖、旅遊和生產飲料為主的上市公司，1996年發行上市以後，在財務數字上一直保持著神奇的增長速度，總資產規模從上市前不到3億元發展到2000年年末的28億元，增長了9倍。2000年年報以及2001年中報顯示，藍田股份的平均毛利率高達46％左右，而同一行業的平均毛利率只有20％。比率證明藍田在講神話了，最終引起了大家的懷疑。

　　財務比率不能一下子提供給你正確的答案，但是卻能幫助你理清思路，問出正確的問題。

　　不過，比率有時也會被操縱。某些金融機構為了降低不良貸款率，爭取早日上市，會採用一些人為的方法，比如大量增加貸款投放來做大不良貸款率的分母，或者通過借新還舊的辦法縮小不良貸款率的分子。如果單純使用一種比率，常常會被誤導。

Wisdom is knowing what to do next

Chapter

11

智慧是知道下一步做什麼

計劃是智慧的表現。

下一步做什麼,

不是「因為這樣,所以那樣」的結果,

而是「為了那樣,所以應該這樣」的目的。

救贖的故事

史帝芬‧金名著《肖申克的救贖》被好萊塢改編成電影《The Shawshank Redemption》（台灣片名：刺激1995）並得過奧斯卡獎。

肖申克是美國20世紀30年代戒備最森嚴的重刑犯監獄。電影是根據一個真實事件改編的，故事就發生在肖申克的監獄裡。獄中的老黑人瑞德扮演著一個與其說是龍頭老大不如說是供應鏈企業家的角色，他能幫你弄到你想要的任何東西：香煙、糖果、美女畫像、歌劇唱片，甚至地質學家才會用到的岩石鎬。有一天，一個年輕的白人銀行家安迪被押進肖申克。安迪因為謀殺其妻的指控被判無期徒刑。兩個背景截然不同的犯人在與獄方的鬥爭中建立了一種深厚的友誼。安迪堅信自己是無辜的。在申辯絕望之後，安迪開始計劃越獄。在肖申克，從未有過越獄成功的先例。殘暴的監獄長以此為驕傲，這是對安迪越獄的最大挑戰，但也是安迪的最大資源。安迪的專長是會計簿記，申報稅單以及籌劃退休金。他的名聲很快在當地監獄系統的官員中間傳播開來。安迪因此獲得了一些活動的空間。在瑞德的默默觀察下，安迪的越獄計劃在悄無聲息的進行。安迪的牆上一直掛著電影明星的大劇照，他開始愛好起石雕藝術，每天放風的時候，他總會從褲管裡抖出一些泥土。在監獄圖書館裡，他偽造了身份證件。他的厚厚的聖經被挖空，成為最安全的保險箱。十幾年過去了。終於在一個漆黑的暴風雨的夜晚，安迪使不可能變成了可能。他成功地越獄了。不

僅如此,他還轉移了監獄長的非法所得,並且使犯人安迪從世界上消失,而以一個全新的形象出現在陽光燦爛的南部海濱。

我看《肖申克的救贖》的時候是在1994年11月底,當時還在美國工作,公司整個財務部正在為1995年的預算忙得不可開交。這部電影讓我明白做預算的目的性的重要。《肖申克的救贖》與一般越獄電影的區別是,越獄並不是安迪的目的,而自由,精神上和財務上的自由,才是「肖申克的救贖」的意義。

What to do next
下一步該做什麼?

智慧是什麼?智慧是先知,先知就是提早知道下一步該做什麼。「回到未來」在銀幕上是科幻,但是在商業的實踐中,未來在某種程度上就是被你我創造出來的。

企業的未來落在財務上就是財務計劃或者叫預算。

孫子說:「夫未戰而廟算勝者,得算多也;未戰而廟算不勝者,得算少也。多算勝,少算不勝,而況於無算乎!」一個叱吒風雲統帥千軍萬馬的大將軍在大戰前夕,都得關在中軍帳中算來算去,糧草、輜重、兵力等等都要算清楚,這樣決戰時的贏率才會大。商場如戰場,沒有企業會去計劃失敗,但是失敗的企業往往都是因為沒有把計劃做好。

預算管理是企業內部管理和實現未來目標的一種主要方法。這

一方法自從20世紀20年代在美國的通用電氣、杜邦、通用汽車公司產生之後，很快就成了大型企業的標準作業程序。全面預算管理處於企業內部控制的核心地位，它是為數不多的幾個能把組織所有關鍵問題融合於一個體系之中的管理控制方法。預算的目的性很強，它為企業內部不同部門之間的溝通提供了一個最有力的工具。

預算的思維與日常「因為這樣了，所以應該那樣」的因果式直線思維不同，預算更多是「為了那樣的目的，所以應該這樣做」的「目的－手段」式思維。目的是預算的核心。要先瞄準，再射擊。

先射擊再瞄準的成本有時會高得驚人。我家門口的人行道不知道被挖開過多少次，起初是換新地磚，後來發現新鋪的地磚下雨天打滑，於是換不打滑的地磚，沒多久，要加盲人道，又換一次。整個人行道像是裝了拉鏈，隨時準備開合。

財務預算在企業中的應用非常普及。據調查，編製預算的企業比例在美國是91％，在日本是93％，在英國、荷蘭等歐洲國家是100％。按照預算的目的暨重要性排列，在美國企業，依次是投資收益率、經營收入和生產成本。在日本企業，則是經營收入、生產成本和投資收益率。無論是美國企業還是日本企業都把預算作為員工績效考核的標準。

有位企業家在電視上說：「我們是從不做計劃的，因為我們所在的行業高速變化，計劃永遠趕不上變化。」實際上，這位企業家所說的計劃是指計劃文件，紙上的東西，是名詞。而真正的商業計劃和預算是存在心裡的，是動態的，是動詞。

Fighting for a budget
鬥智鬥勇編製預算

開始編製預算的感覺有時就像江南的曬梅（霉）一樣。梅雨季節過後，家家戶戶會把衣物從一年都未曾好好整理的衣櫃裡翻出來，拿出去曬。同時，這也是一個重新整理的過程：有時你會突然發現過去塞得滿滿登登的衣櫃原來還有很多額外的空間，有時一些已經被你遺忘的、有價值的東西會突然出現在眼前。

預算季節開始的時候，首先是要檢視自己的現狀，做SWOT分析，確定企業各部門共同追求的目標。在最初階段，整個過程大部分是定性分析。

接著，全體員工將第一階段制定的目標轉化為一整套分部門的內部行動措施。如果目標是在今後一年裡將產品的市場份額至少提高20％，那麼第二階段要明確規定分部門的管理層必須做什麼才能達到這一目標。

在計劃程序的第三階段，制定出一套定量的計劃和預算，包括經營預算和資本預算。資本預算習慣上指那些昂貴的固定資產支出，經營預算則包括要發生的日常費用，如原材料、市場推廣、行政、差旅、薪資等等。

由於預算通常與目標以及業績考評掛鉤，預算的制定和執行過程又是個鬥智鬥勇的過程。預算的難度和管理人員的努力程度成一定的正相關關係。適當的預算難度會激發人的工作熱情，好的目標是需

要跳起來才能夠得著的。但是如果目標超過一定的難度限制，即使跳得再高也有夠不著的時候，反而會造成挫折感。

打破預算

　　傑里米(Jeremy Hope)是哈佛商學院的教授，他與人合作寫了本書，叫《超越預算(Beyond Budgeting)》。在書裡，他提倡建立一種鼓勵經理靈活應對短期動盪和靈活配置資源的新型管理體系，來取代以前的年度規劃和資源配置。因為很多傳統預算裡都包含了嚴格限製成本的計劃，妨礙了經理人靈活調整戰略和抓住新的機遇。

　　為了防止明年的預算被削減，經理人在年底時會想方設法把口袋裡的最後一分錢花掉，而不管最後時刻的花費是否能為企業創造價值。傑里米認為預算甚至會導致更加直接的瀆職行為，因為薪資和獎金經常與滿足預算目標的能力掛鉤。當費用和目標成為企業的制度時，員工只會按照預算來支配自己的行為，而不是挑戰它。如果沒有預算，他們也許能積極主動地提出改革的建議。

　　現在越來越多的企業發覺到傳統預算的局限，對於小型企業，快速應對變化的環境是這種公司的生存之本，預算必須要有足夠的彈性。在預算執行的過程中需要對下一週期的目標做滾動預算。根據前期銷量、當期預算、自然因素、政策因素等變化更新預測，從而調整生產、庫存、物流等指標。

■財務工作基於歷史展開。通過歷史預測未來是一項大冒險，相當於開車時的回頭看。回頭看只為確認我們走在正確的路上。

財務的所有工作幾乎都是基於歷史性來展開的。通過歷史預測未來是一項很大的冒險，相當於開車時的回頭看一樣。回頭當然不是我們的目的，我們的目的是通過回顧歷史尋找前進的內在規律，最終達到目的地。回頭看只是為了確認我們走在一條正確的路上。看多一點，看深一點，這樣才能看遠一點。

在足球場上看小朋友踢足球。球被人踢了一腳，所有的小朋友都會爭先恐後地跟在足球後面跑，可總也踢不到球。職業球員在足球場上也是爭先恐後地跑，不過不是去追球，而是跑向足球即將要飛去的位置，去等足球滾落到自己腳下。

有句話這樣說：已經發生的事和將要發生的事，相對於發生在我們內心的事，都不重要。（What lies behind us and what lies before us aretiny matters compared to what lies within us.）電影《印第安納‧瓊斯》中，印第安納‧瓊斯被壞人追到萬丈懸崖邊上。在電影裡，他總是被人追殺，不是為金錢就是為愛情。「前面應該是有座橋的。」印第安納‧瓊斯對自己說，「前面一定會有橋的。」他堅信橋就在他的腳下。於是，他伸出腳，向萬丈懸崖踏去，就在這時，一座木橋如彩虹一般橫空出現，橫躺在他的腳下。

Back to the future

Chapter **12** 回到未來

回到未來的重要標誌是貨幣的時間價值，
這是財務最重要的原則之一。

貨幣的時間價值不同於時間的貨幣價值。後者一般指諮詢行業按小時或人天收費的經營方式，諮詢公司把時間作為資產對待，出售多少，時間的貨幣價值就值多少。而前者指的是，未來的貨幣價值總是小於現在的價值。

　　正是因為人們發現今天的一塊錢會比一年以後的一塊錢更值錢這樣一個簡單的道理，才使得財務管理的價值超越了傳統的會計工作。現代企業的財務管理不僅僅只是編製財務報表，記錄已經發生的經營活動，而且要積極進入對未來的投資及融資管理。

　　為什麼貨幣會有時間價值呢？直觀的理解是現在的錢越來越不值錢。10年前，看一場電影只要5毛錢人民幣，現在要50塊錢，在好的影院遇到好的影片甚至要90塊。經濟學家一般從消費佔收入的比例或者通貨膨脹的角度來解釋這一現象。但是，即使消費品價格指數是負值，貨幣不是貶值而是升值，貨幣的時間價值仍然存在。資金無時無刻無處不在的機會成本，是用於此後就不能用於彼的代價。投資收益的存在使資金具有增值的可能，從而使得貨幣具有了時間價值。

　　怎樣量化貨幣的時間價值呢？假如你現在手頭有100萬元現金，你可以有下面四種選擇：

　　A.埋在地下、藏在鞋盒裡或者天花板，一年後，還是100萬元。

　　B.選擇定期存款，年利率2％，一年後價值增值為102萬元，去掉
　　　 20％的利息所得稅，差額為20,000元；

　　C.購買企業債券，年利率5％，差額為5萬元；

　　D.選擇購買股票，預期收益率為10％，差額為10萬元。

同樣是100萬元，投資方案不同，在一定時期內的價值差額也不相同，以哪一個為貨幣時間價值的標準呢？財務上，以沒有風險沒有通貨膨脹條件下的社會平均資金利潤率為標準，一般以存款的淨利率為準，或者在通貨膨脹率很低的情況下以政府債券利率表示。在這個例子裡，100萬元一年的時間價值是16,000元。

■正因人們發現今天的一塊錢比一年後的一塊錢更值錢，才使得財務管理的價值超越傳統的會計工作。

Compounded interest in the lotus pond
荷塘葉色的複利計算

反映貨幣時間價值的基本財務概念是現值和終值。終值表示現在的投資在未來的價值；現值剛好相反，表示未來的現金流折算到今天值多少。計算現值、終值時就需要瞭解複利的概念。

初夏的時節，西湖荷塘邊的柳樹葉顏色一天比一天綠。嫩綠的浮萍開始零零星星地出現。起初是一片兩片，每天都在增多，但是慢慢地增加，讓人等得心焦。一直挨到蟬聲四起的時候，一半的荷塘還是空蕩蕩的。就在這時，奇蹟便會發生。一夜之間，僅僅只需要一個晚上，綠色的浮萍會突然全部佔滿水面，幾乎不留一點空隙。浮萍是以指數增長的形式分蘖的。這是自然界的複利現象。

很多人小時候都曾經有過小儲蓄罐，小胖豬形狀的，背上開一

條小縫，只能往豬肚子裡存錢不能往外取。有一次，我在商場看見有賣抽水馬桶狀的儲蓄罐，丟進硬幣時，馬桶就發出嘩嘩的抽水聲，果然是視金錢如糞土。實際上，如果你能夠每天成倍地往馬桶裡丟一分一分的硬幣的話，結果是很驚人的。就是說，第一天丟進一枚硬幣，第二天丟進兩枚，第三天四枚，第四天八枚，一直繼續下去，如果你能有毅力堅持一段時間，不要求你堅持十年八載，甚至也不要求你堅持三五個月，只要你能按這種方法嚴格執行一個月，區區一個月。到了月底，你的馬桶如果還沒有爆裂成碎片的話，將昂貴無比，你會在一夜之間成為百萬富翁，而且是5個百萬富翁，因為馬桶裡面已經有了5億枚一分錢的硬幣。

　　這就是複利的威力。所謂複利，是指不僅本金要計算利息，利息也要計算利息，即通常所說的「利上滾利」。愛因斯坦說：「複利的計算是人類世界的第八大奇跡。」

　　利用複利計算終值和現值的數學公式是：

$$複利終值＝現值×（1＋i）^n$$
$$複利現值＝終值×（1＋i）^{-n}$$

i是年利率或者叫折現率，n是年數。

　　舉個例子，如果你把100元存入銀行，利息率為10％，5年後的終值就是：$100×（1＋10％）^5＝161$（元）。另一個例子，如果你計劃在3年以後得到400元，利息率為8％，現在應存金額就是：

$400 \times [1 / (1+8\%)^3] = 317.6$（元）。

計算現值、終值等的最簡便的工具是使用金融計算器或利用電腦軟體，如微軟的表格軟體EXCEL的函數計算就內置有上述的計算公式。

另一種快捷的方法是利用「72法則」處理有關倍增的複利問題。72法則計算起來很簡單：用72除以投資年限 n，就得到近似的利息率 i，該利息率將保證使投資的資金在 n 年內增加一倍。公式是：

$$72 / n = i$$

對於我們日常遇到的大部分利率問題，「72法則」都給出了使資金雙倍增加所要求的利率或投資期數。例如，在每年複利一次的利率條件下，要使資金在五年內倍增，必須要求利率達到72／5＝14.4％。同樣，把資金按6％的利率存入銀行，只要過72／6％＝12年就能使資金倍增。儘管它不準確，但是對於那些近似計算的資金倍增問題，「72法則」是相當方便的。

學會計算複利對於投資者來說很重要。不僅可以計算存款利息，也可以計算股票的價格。投資股票的本來目的是為了獲得每年定期或不定期的企業利潤分紅或者叫股利。未來累積紅利的折現值就應該是今天股票的合理價格。當然，股票投機是另一回事，那是另一個遊戲規則，投機市場是由供需關係或者信息不對稱決定的。同樣，債券價格也可以通過折現來計算，把股票價格計算中的紅利改成利息，再加上本金就可以計算了。

Millionaire and mortgage loan

百萬富翁和分期付款購屋

在中國，隨著投資機會的增多，機會成本越來越高，貨幣的時間價值顯得越來越重要。有人甚至預測未來用以衡量價值的貨幣將不再是貨幣，而是時間。

根據時間價值的原理，利用複利的特性，成為百萬富翁的夢想將變得不再困難。這裡有三個簡單的致富計劃：

計劃1，每月將500元投入到報酬為10％的投資產品中（如投資基金和股票），30年後，你就成為百萬富翁。

計劃2，每月將2,500元投入到報酬為2％的投資產品中（如銀行存款），26年後，你就成為百萬富翁。

計劃3，每月將1,000元投入到報酬為5％的投資產品中（如投資基金和債券），33年後，你就成為百萬富翁。

由此不難發現，時間長度和報酬率決定了時間價值的大小，特別是時間長度。能夠活得最久的人一定是最富有的。

時間價值原理廣泛應用於企業的價值評估、項目投資預算、債券價值評估、股票價值評估等。美聯儲的前主席葛林斯潘曾呼籲說：「應該提高美國小學生和中學生的金融基礎教育，達到金融掃盲，使年輕人避免做出盲目的財務決策。例如對計算複利的數字公式的理解，將會使消費者知道，某些信貸計劃可能造成災難性的後果。」

分期付款購屋一般銀行提供兩種供選擇的還款辦法：一是等額

還款法，即按月等額歸還借款本息；二是等本金還款法，即按月平均歸還本金，借款利息逐月結算還清。

兩種還款法由於佔用銀行的資金在時間上有差異，歸還利息在時間上有先後，所以兩種還款法分別累計的還款本息總額會相差較大。但是如果考慮貨幣的時間價值，以兩種還款法的貨幣終值進行比較，它們的終值是一樣的。

A happy life by making money with money

用錢賺錢的幸福生活

美國的電視脫口秀節目主持人拿比爾蓋茲的教育背景開玩笑說：「比爾大學輟學，一張本科的文憑也沒有拿到，我們真擔心他的錢花完以後，接下來的生活該怎麼辦？」我曾與人討論幸福的定義，其中有一條一致公認的是財務自由。財務自由不是指坐擁金山，那遲早有坐吃山空的那一天。

財務自由指的是投資的自由現金流，是用錢賺錢。你整天辛辛苦苦賺錢，可你的錢卻整天躺在銀行裡休閒。為什麼不調換一下，讓你的錢辛苦去賺錢，然後你去享受休閒的幸福生活呢？

判斷一件事值不值得做，一個項目值不值得投資，最重要的是看它所能夠帶來的報酬。一個很簡單的方法，就是看多久能夠回收投資。「一茶一坐」按照2005年的經營計算，它的回收期只需15個月。而相同規模的中餐廳則需要30個月。很多買房出租的人就是靠

測算租金的收入多少年之內能夠收回房款來決定投資的，一般為8～10年。

《管子·修權》中說：「一年之計，莫如樹谷；十年之計，莫如樹木；終身之計，莫如樹人。一樹一獲者，谷也；一樹十獲者，木也；一樹百獲者，人也。」管子的意思就是種稻穀的回收期是一年，報酬100％；種樹的回收期是10年，報酬1,000％，實際上年報酬率也是100％；培養人的回收期是一生，報酬10,000％，以有效人生50年計，平均年報酬率是200％。

回收期的計算只與現金的淨流量有關。這種方法簡單實用，有時掰掰手指頭也算得出來，但是有一個致命缺陷，就是忽略了資金的時間價值，特別是在複雜的大型項目中使用這種辦法會導致決策錯誤，因此專業財務人員一般不用。

專業財務人員自然得使用專業的方法，就是利用時間價值原理，測算一個項目的未來現金流的淨現值，這種方法叫現金流折舊法（discounted cash flow，DCF）。DCF是投資分析的最基本的工具，也是決策分析的最常用的方法。

淨現值（NPV）等於預期未來每年淨現金流的現值減去項目開始時候的投資支出。投資的原則是淨現值越高越好，絕對避免淨現值為負數的投資活動。零淨現值的活動被看做是臨界點，因為它既不創造財富，也不毀損財富。

淨現值法在判斷一個項目是否可以投資時特別管用。但是在兩個或更多可以投資的項目的誘惑之間進行取捨時，就要看哪個項目的

投資報酬率更高。

　　這時，可以使用另一種專業方法，就是內部報酬率法。用內部報酬率可以回答投資的收益率是多少的問題。投資方案的內部報酬率（IRR）被定義為使投資的淨現值等於零的貼現率。

　　用於與內部報酬率做比較的是公司資本的機會成本。如果投資方案的內部報酬率大於資本的機會成本，則投資項目有吸引力；如果內部報酬率等於資本的機會成本，則投資項目是兩可的。在大多數情況下，這種內部報酬率法和淨現值法會得出相同的投資建議。

■投資的原則是淨現值越高越好，絕對避免淨現值為負數的投資活動。

How to calculate corporation value
公司價值

　　「一定得選最好的黃金地段，法國設計師，建就得建最高檔次的公寓。電梯直接入戶，戶型最小也得400平方米。什麼寬頻呀、光纜呀、衛星呀，能給他接的全給他接上。樓上邊有花園兒，樓裡邊有游泳池，樓子裡站一個英國管家。戴假髮，特紳士的那種。業主一進門兒，甭管有事兒沒事兒都得跟人家說：『May I help you，sir？』，一口地道的英國倫敦腔兒，倍兒有面子。社區裡再建一所貴族學校，教材用哈佛的，一年光學費就得幾萬美金。再建一所美國診所

（兒），24小時候診，就是一個字兒：貴。看感冒就得花個萬八千的，周圍的鄰居不是開寶馬就是開賓士，你要是開一日本車呀，你都不好意思跟人家打招呼。你說這樣的公寓，1平米你得賣多少錢？我覺得怎麼著也得2,000美金吧。2,000美金，那是成本，4,000美金起。你別嫌貴，還不打折。你得研究業主的購物心理，願意掏2,000美金買房的業主，根本不在乎再多掏2,000。什麼叫成功人士？你知道嗎？成功人士就是買什麼東西，只買最貴的，不買最好的。所以，我們做房地產的口號兒就是：不求最好，但求最貴。」

這是電影《大腕》的台詞片段，「不求最好，但求最貴」是價格的社會心理問題。實際上，貴賤是價格協商問題，好壞是價值判斷問題。

就像個人對自己的身價感興趣一樣，企業對自己在市場上值多少錢也很感興趣。一些企業是為了收購兼併的目的，需要知道如何評估企業價值；另外也有些企業是為了更真實地認識自己，需要知道自身的價值。

早在1958年，莫迪利安尼（Modiglani）和米勒（Miller）發表了一篇學術論文，叫《資本成本、公司理財與投資理論》。他們認為，企業價值的大小等於按其風險程度相適合的折現率對預期收益進行折現的資本化價值。換句簡單的話說，就是先算出企業未來5～10年或者更長時間內每年掙多少錢（現金流），然後，利用現金的時間價值原則，將未來的收益進行折現，就能算出這個企業現在值多少錢。

另一個大學教授夏普（Sharpe）設計出資本資產定價模型（CAPM）[註一]，這是個數學公式，用於對股權資本成本的計算，大大提高了折現率確定的理論支持。夏普因此獲得過諾貝爾經濟學獎。一直到現在，儘管每年都有人跳出來挑戰它，但是這個公式還是像愛因斯坦的 $E=MC^2$ 那樣在金融領域被廣泛使用。

在美國，這種利用未來現金流的折現評估企業價值的方法使用得最普遍。十幾年前我參與的第一個收購項目就是利用10年的現金流預測來折算被收購對象的現在價值。這種方法的最大挑戰是對未來的預測，以及選用折現率。未來不只是在我們的心願中，更被市場的走向左右。對未來的預測需要綜合市場、銷售、生產、服務各部門的智慧，這是一場艱巨的腦力練習。對市場的認識越深入，對自身的優勢、劣勢認識得越深刻，預測才能越準確。選用折現率則純粹是財務問題，是企業以及行業對投資報酬的最低要求。

在中國，這種方法雖然也在使用，但是只是作為參考，可能是因為中國的發展速度太快，未來太難預測，中國企業仍然習慣於眼見為實。中國的價值評估的主要方法是重置成本法，就是假定再置起這麼大一個攤子需要多少錢。最常見的是依據帳面上的淨資產值來判斷此企業值多少錢。這種方法相對偷懶，只看過去和現在，不看未來。

我也用過這種方法，當然，被評估公司的財務報告的真實性是首要前提，必須要有經驗的獨立會計師進行盡職調查，這本身就是一個巨大的挑戰。國際四大會計事務所在中國的事業發展得如火如荼，速度之快有時讓我隱隱擔心那些年輕的受過良好教育的會計師，他們

的經驗是否能夠保證盡職調查的質量。由於中國金融環境的不完善，中國企業經常會有許多所謂的表外項目，比如與關聯企業以及關係企業的互相擔保，這些擔保在當事人心目中不算什麼，但是在實質上是一種潛在的負債責任，會影響淨資產的價值。

另外還有一種常用方法是比較法，就是用同一行業規模相似的上市公司或已被合理估價的公司進行類比，評估目標公司的價值。這是最簡單也最粗略的方法，因為實際上很少會有兩家公司可以如此相似。即便是像麥當勞那樣的連鎖經營店，每一家的價值都不一樣的。

另外，還有一些經驗式的方法，如約定俗成的說法認為診所的價值是其利潤的1～4倍；乾洗店的價值往往等同於它的年銷售收入。

價值評估如同體檢一樣，身體很多部位都要進行檢查，最好使用不同的工具，盡可能尋求名醫會診的機會，兼聽則明，這樣才能正確診斷。

（註一）

資本資產定價模型是現代金融市場價格理論的支柱，廣泛應用於投資決策和公司理財領域。資本資產定價模型主要研究證券市場中資產的預期收益率與風資產之間的關係，以及均衡價格是如何形成的。公式是：

$$E(R) = R_1 + [E(R_n) - R_f] \times \beta$$

其中，$E(R)$ 為股票或投資組合的期望收益率；R_1 為無風險收益率，投資者能以這個利率進行無風險的借貸，比如國債利率，$E(R_n)$ 為市場組合的收益率；β 是股票或投資組合的系統風險系數。

How to sell the highest price

怎樣賣出最貴的價格？

我剛從學校出來的時候，跟很多年輕的畢業生一樣，足足有兩三年的時間，總有一種鼻子上重重地挨了一拳的感覺。在我最失意的時候，有個朋友告訴我：「你現在得到的只是你的價格，你要相信自己的價值遠遠高過你的價格。」

我們從小接受的馬克思的價值規律是這樣描述的：商品價值由社會必要勞動時間決定，商品交換實行等價交換，價值規律的表現形式是價格圍繞價值上下波動。所以，提高價格的唯一出路是提升價值。

然而，實際情況卻不全是這樣。有時候，就像電影《大腕》中的房地產商的理論一樣，好壞與貴賤並不是完全正相關。後來，看到馬克斯‧韋伯的論述。韋伯研究現代資本主義的精神。他認為價格與價值沒有關係，價格只與市場的供需有關。在一些特別情況和特別時期中，價格可能完全背離價值。

隨著中國的入世，越來越多的外商投資正以併購交易的形式進行。一個新建企業從開始立項到建成投產通常需要1～3年的時間，這樣的速度已經很難跟上中國市場快速發展的步伐，特別是在那些競爭激烈的行業如快速消費品和IT行業更是如此。而通過公司併購，可以很快地進入市場，贏得客戶，搶佔先機。因此併購越來越被跨國公司和中國的合作夥伴所接受，而中方通常在併購交易中更多的是充當

賣方的角色。

　　如何賣出最貴的價格？其實企業每天在做的事就是不斷地提高公司的價值，增加經營利潤，減少庫存和應收帳款，進行稅務籌劃減稅，有效地管理投資和資本性開支等等。過去，很多中國企業只有在經營不好的時候才會考慮出售，按照資本資產定價模型，這時的價值是最低的，價格也會很便宜。要想賣出最高價格，企業在發展的時候就應該考慮退出戰略，特別是在發展即將進入高峰期時往往是退出的最好時機，這時的未來價值折現後最大。

Risk and Return

Chapter *13* 風險和報酬

吃好還是睡好是風險和報酬之間的選擇。
對沖可以幫助沖淡風險，
但是更重要的是要知道自己在做什麼。

Eat well or sleep well

吃好還是睡好？

一個民營企業家給我講黃燈理論。黃燈指交通指示燈。他說：

中國的民營企業時刻站在一個十字路口上，前面是黃燈。黃燈可以變成綠燈，也可以變成紅燈。你闖過去，如果接下來變成綠燈，你就一馬當先，佔盡所有先機和資源，暴富一把，還能被樹為典範；如果接下來是紅燈，而警察又碰巧站在路邊上，你一頭撞在槍口上，記分還是小事，多半壯志未酬身先死，要被吊銷駕照。

企業家眼中的黃燈主要是指政策風險，一種典型的系統風險。民營企業家對這種系統風險既愛又恨。

由於商業本身就是一個充滿風險的行業，各種情形的十字路口隨時出現，風險管理在很多情況下是與企業的資產管理同義的。有些大公司甚至設立了首席風險官的職位，首席風險官（chief risk officer，CRO）直接向首席執行官匯報。沒有CRO的公司，風險控制的責任就落在CFO頭上。

吃好還是睡好？這是人的一個兩難決策。如果你想吃好，即追求高收益，那麼你最好做冒大風險的思想準備。如果你想晚上睡好，追求安全性，那你就要放棄高收益的可能。高報酬一般都會伴隨高風險，否則人人都會去追逐它，這是有效市場理論的觀點。

■高報酬一般都會伴隨高風險，否則人人都會去追逐它，這是有效市場理論的觀點。

孔子說：「危邦不入，亂邦不居。」一個地方如果很危險，他就不進去，一個地方如果很混亂，他就不待。孔子是個保守的人，不願冒險。大多數人也像孔子一樣不肯冒險。人有避險的天性，就像你正在開車時，看到迎面有一輛大卡車開過來，本能地你會踩剎車減速，即使你知道被卡車撞上的機會很小，但是你更知道被卡車撞上的成本很大。

我曾在幾家跨國公司工作，時不時要直接面對很多風險問題，包括因為外界金融環境變化而帶來的匯率風險。

第一次是我在負責美國品食樂公司大中國區的財務分析時，要負責台灣、大陸、香港三地的財務結果。當時台幣的匯率波動頻繁，台灣主要經營從美國進口的綠巨人玉米罐頭，季度末核算的業績經常被匯率困擾，這同時也影響了與此相關的高層管理人員的績效評估。台灣分公司強烈要求使用外匯市場對沖或期貨的辦法減少匯兌損失甚或賺取匯差。報告到美國總部，總部經過慎重考慮，下了一道指令，明確所有國家的分公司無權經營外匯買賣，違者必究。總部認為，分公司必須以主營業務為重，不得因為小利而誤了搶佔市場份額的長期正事。另外，如果一旦鬆口，匯率市場有賺就會有賠，這種授權的風險太大。權衡利弊，總部決定承受台灣地區的匯率損失。

母公司一再強調我們的定位是食品公司，不是金融投資公司。

母公司考慮更多的是管理風險。

第二次是我在全錄工作的時候。從1999年開始，由於巴西經濟的衰退，貨幣貶值，全錄被迫在資產負債表上減去10億美元的資產。全錄巴西的業務佔整個全錄的10％左右，影響很大。

巴西經濟的動盪和衰退不是一天兩天的事。

在如此高風險的經濟環境裡，全錄為什麼不採取一些必要的措施來規避風險以保護自己呢？華爾街的投資分析家們感到不解和震驚。

2000年，我在邁阿密開會的時候，遇到巴西來的財務總監。我們討論了很久，他提到一個重要原因是巴西的經營方式中融資租賃所佔比重很大。

全錄向客戶提供了許多分期付款的融資購買方式，客戶在3～5年內每月向全錄付租金。按融資租賃的一般會計收入原則，全錄可以通過折現提前實現銷售的收入和利潤，儘管真正付款要在以後才能收到。

按照財務上的折現公式，貼現率越高，現值越低；貼現率越低，所得出的現值就越高。貼現率的制定跟一個國家在租賃期內的通貨膨脹率和銀行利率（即幣值）相關，另外還要考慮到其他的風險因素，如政治風險、行業風險等。

從1995年開始，全錄巴西一直使用6％的年利率，而按照巴西的高通脹的經濟狀況，25％才是比較合適的比率。全錄巴西通過人為降低年利率來誇大帳面上的租賃收入。不久，美國證券交易委員會

對全錄公司近年來的收入報告提出了質疑，並處以1,000萬美元的罰款。全錄公司既未承認也未否認存在著違規行為，但卻支付了1,000萬美元的民事罰款，創下美國歷史上金額最大的企業財務違規行為罰金記錄。

Quantify risk

量化風險

面對未來的不確定，我們如同站在如海洋般波濤洶湧的大霧面前，茫然無措。如果能夠有一陣清風吹散一些迷霧，會把前面的路看得稍微清楚些。儘管我們掌握不了風向,但是我們應該學會感知風向。

破解風險迷霧的前提是度量風險。怎樣量化風險呢？β值（Beta；貝塔）是統計學的詞語，專門用來量化看不見的風險。

貝塔是相對數。整個市場的風險β值定義為1，或者說所有公司的風險平均數是1。如果你的公司的β值是1.5，那就表示風險比市場平均要高。β值越大，風險越高。β值越小，風險越低。

如果你要買股票，發現這家公司的β值是1.8，你要承擔的風險高，你所期望的報酬也高。如果整個市場行情漲了10％，你期望自己的股票至少要漲18％。

如果你要買另一隻股票，發現這家公司的β值是0.5，你要承擔的風險小，你所期望的報酬也相應小。如果整個市場行情漲了

10%，你期望自己的股票漲5%就可以了。當然，如果整個市場行情跌了10%，你的股票可能只跌5%。

廣告公司的 β 值會高。在經濟蕭條的時候，客戶的廣告投放首先會受影響。經濟危機來了，廣告基本叫停。如果這家廣告公司的借債多些，β 值會更高。

相比之下，食品業的 β 值就低些。經濟再蕭條，飯還是必須吃的。只要不是奢侈類的食品企業，經濟危機不會對它有什麼大的打擊，有時，反而是好事，因為有些胃口高端的客戶開始不再吃魚翅，改吃泡麵了。

所以，在經濟發展的時候，投資高 β 值的企業，在經濟蕭條的時候，投資低 β 值的企業。這是統計學教給我們的。當然，統計學是講類的，說的是大道理。

Arbitration happens everywhere

對沖現象

風險量化之後是分析和管理。風險管理的主要方法之一是利用時間跨度。

比如融資的對沖原則，就是通過匹配時間來管理風險的。對沖是將資產產生的現金流特性與為取得該資產而進行融資所形成的負債到期日相匹配。對沖原則要求公司保持一定的流動水平，以保證公司能夠按時償付各種到期債務。

■ 在商業活動中，對沖的現象也會經常看到，比如危害健康的煙草公司總是熱衷於贊助旨在提高人類體質的競技體育。

利用對沖原則的另一方法是自然規避法。

一些行業因為季節的特點明顯，通過僱用臨時的季節工來降低固定成本。美國早年有一部電影叫《The graps of wrath》（台灣片名：怒火之花；大陸片名：憤怒的葡萄），就是講季節性的葡萄採摘工在加州的葡萄莊園之間四處輾轉，尋找短期工作，並反抗僱主壓迫的故事。在美國讀書時，每到夏天，阿拉斯加的漁業公司還會從大學裡大量僱用臨時水手，報酬不低。對於漁業公司來說，這是經營上的對沖；對於大學生來說，利用機會成本較低的暑假去經歷阿拉斯加的海上生活，也是通過時間上的對沖來獲益。我的一個同學就曾做過3個月的水手，說起阿拉斯加的海上生活，他的眼睛裡滿是興奮，「你沒有在海上看見過銀河吧？」現在他是一家律師事務所的合夥人了。

在商業活動中，對沖的現象也會經常看到，比如危害健康的煙草公司總是熱衷於贊助旨在提高人類體質的競技體育。在很大程度上，能源公司特別是石油公司是人類環境的最大破壞者，然而，你會發現，最熱心倡導並慷慨解囊環境保護的大多是石油公司，出產黑色石油的英國石油公司（BP）甚至把自己的公司標誌漆成綠色，成為綠色BP。

索羅斯的對沖交易

對沖交易是指盈虧相抵的交易，即同時進行兩筆行情相關、方向相反、數量相當、盈虧相抵的交易。對沖交易是金融衍生工具誕生以後在國際市場上越來越受人們關注的一種投資方式。

在對沖操作中，基金管理者在購入一種股票後，同時購入這種股票的一定價位和時效的看跌期權（put option）。所謂看跌期權，就是當股票價位跌破期權限定的價格時，賣方期權的持有者可以將手中持有的股票以期權限定的價格賣出，從而使股票跌價的風險得到對沖。或者基金管理人選定某類行情看漲的行業，買進該行業中看好的幾隻優質股，同時以一定比率賣出該行業中較差的幾隻劣質股。如果該行業預期表現良好，優質股漲幅必超過其他同行業的股票，買入優質股的收益將大於賣空劣質股所引致的損失；如果預期錯誤，此行業股票不漲反跌，那麼較差公司的股票跌幅必大於優質股，賣空劣質股所獲利潤必高於買入優質股下跌造成的損失。正因如此的操作手段，早期的對沖基金可以說是用於避險保值的保守投資策略。

索羅斯旗下經營5個風格各異的對沖基金。其中量子基金規模最大。量子基金的60億美元資產投資於商品、外匯、股票和債券，並大量運用金融衍生產品和槓桿融資，從事全方位的國際性金融操作。

20世紀90年代初，為配合歐共體內部的聯繫匯率，英鎊匯率被人為固定在一個較高水平。量子基金率先發難，在市場上大規模拋售

英鎊而買入德國馬克。英格蘭銀行雖下大力拋出德國馬克購入英鎊，並配以提高利率的措施，仍不敵量子基金的攻擊而退守，英鎊被迫退出歐洲貨幣匯率體系而自由浮動，短短1個月內英鎊匯率下挫20％，而量子基金在此英鎊危機中獲取了數億美元的暴利。在此後不久，意大利里拉亦遭受同樣命運，量子基金同樣扮演主角。

1994年，量子基金對墨西哥披索發起攻擊。墨西哥在1994年之前經濟良性增長，是建立在過分依賴中短期外資貸款的基礎上。為控制中國的通貨膨脹，披索匯率被高估並與美元掛鉤浮動。由量子基金發起對披索的攻擊，使墨西哥外匯儲備在短時間內告罄，不得不放棄與美元的掛鉤，實行自由浮動，從而造成披索和中國股市的崩潰。

1997年下半年，東南亞發生金融危機。與1994年的墨西哥一樣，許多東南亞國家如泰國、馬來西亞和韓國等長期依賴中短期外資貸款維持國際收支平衡，匯率偏高並大多維持與美元或一籃子貨幣的固定或聯繫匯率，這給國際投機資金提供了一個很好的捕獵機會。量子基金扮演了狙擊者的角色，從大量賣空泰銖開始，迫使泰國放棄維持已久的與美元掛鉤的固定匯率而實行自由浮動，從而引發了一場泰國金融市場前所未有的危機。危機很快波及到所有東南亞實行貨幣自由兌換的國家和地區，迫使除了港幣之外的所有東南亞主要貨幣在短期內急劇貶值，東南亞各國貨幣體系和股市崩潰，以及由此引發的大批外資撤逃和中國通貨膨脹的巨大壓力，給這個地區的經濟發展蒙上了一層陰影。從那以後，喬治·索羅斯成為被東南亞各國政府和人民詛咒的對象。

「危機」＝「有危險的機會」

有一次我和一個美國同事討論發展中國家的投資風險時，他問「危機」在中文裡是什麼意思，我說照字面上解釋就是指「有危險的機會」。

他說：「對呀，危機就是一種特別的機會。」《007》的作者伊恩・佛萊明也說：「永遠不要對歷險說不，永遠說是。不然的話，你的生活將會乏味無比。」

風險管理的主要方法之二是做情景分析。情景分析在商業決策中經常使用，通過對未來不同情形的預測準備不同的戰略和方案。

金融企業，比如銀行保險公司等實質上是買賣風險的經紀人，先購買一種風險然後出售另一種風險。金融企業的商業本質就是通過經營風險來獲利。量化風險的專家正是這些金融企業。

銀行利用電腦模型對各種可能的情況進行評估，然後計算出每一個公司的風險值。最簡單的方法是用風險價值的概念（value at risk, VaR），風險價值是指某一時刻有多少錢處在風險中。

除了用 β 值預測相對風險外，量化財務風險的另一個辦法是利用機率。分析師愛說這樣的話：「80％的機率你會

■風險投資成功的第一要素是人，第二要素是人，第三要素還是人。

獲得7%的報酬，但是有20%的可能你會失去你投資的1／3。」機率的好處是可度量因而可比較，不好的地方是機率只對長期普遍的情形有用，對具體一次性的決策作用不大。

彷彿女人說「世上的男人都不是好東西」本身沒有任何意義，女人真正想說的是面前這個男人不是好東西。財務在起源上是一種微觀經濟學，更多情況下對具體的問題感興趣。

■風險投資之所以不同於一般意義上的投資，主要在於投資者可能獲取高額收益的同時，也蘊涵著巨大的風險。

保險是建立在機率精算基礎上的避險方法。由賠率來決定獲利能力。在美國，自己開診所獨立經營的醫生常要買醫療事故險以保護自己。《薩班斯—奧克斯利SOX法案》頒布後，一些上市公司的財務管理人員甚至開始購買職業險。

風險投資之所以不同於一般意義上的投資，主要在於投資者可能獲取高額收益的同時，也蘊涵著巨大的風險。

風險投資界有句名言：「風險投資成功的第一要素是人，第二要素是人，第三要素還是人。」而人是最不確定的因素。統計資料表明，風險投資業務的失敗率高達70%～80%。但由於成功的項目報酬率很高，所以仍能吸引一批投資人。

為了分散風險，風險投資通常投資於一些包含若干個項目以上的項目組合，利用成功項目所取得的高報酬來彌補失敗項目的損失並獲得收益。

投資組合

　　風險管理的主要方法之三是組合投資。

　　猴子選股的故事在華爾街的投資家們中間流傳。據說有人做了一個試驗，把上千種上市公司的股票放在一隻猴子面前，請這位「大聖」來選股。猴子挑出來的股票組合就是猴氏基金。再看一下報酬率，猴氏基金一點不比華爾街的基金經理們利用各種模式組成的基金報酬低。考慮到沒有高昂的手續費，猴氏基金似乎更有投資價值。

　　理論上說，投資的風險由兩部分組成，即系統風險和非系統風險。乘飛機旅行，你不會因為是坐在頭等艙，就比坐經濟艙的旅客更安全，頭等艙和經濟艙的危險程度是一樣的，這就是系統風險。在叢林裡遇到野獸，逃生的關鍵不是你能跑多快，而是你能否比同伴跑得更快，這是一種非系統風險。系統風險是由那些影響整個市場的風險因素所引起的，非系統風險是指特定公司或行業所特有的風險，它與政治、經濟等影響整個證券市場的因素無關。

　　對於典型的股票，總風險中有75％是非系統風險，25％是系統風險。隨著組合中隨機選入股票種數的增加，非系統風險以遞減速度下降，並趨於零。一般來說，隨機選擇15～20種股票就已足夠抵消大部分非系統風險，不要把所有雞蛋放在同一個籃子裡，適度的分散化投資可使非系統風險大幅減少。

　　我的朋友在華爾街的投資機構工作，復旦物理系出身，對數學

模型方面很有造詣。他採用的是數量化投資的方式，不用分析師做基本面分析，而是利用優化組合，大規模分散投資（比如持有300支股票）。這樣沒有任何主觀因素帶來的風險，雖然預期業績超出平均值有限，但能較穩地達到。他的優化標準很簡單，主要看本益比（決定股票價格），看資產報酬率（決定股票價值），以及暗示趨勢逆轉的警戒信號（決定未來走向）如應收款是否增加太快，庫存是否太高。這三個標準的權重不同，最高的是本益比。相對於人治色彩的傳統型管理，數量化管理更像是法治，雖然模型尚不完美，但卻能保持良好、穩定的業績。

　　巴菲特在解釋自己選股的原則時這樣說過：「我從不試圖通過股票賺錢。我購買股票是在假設他們次日關閉股市，或在5年之內不再重新開放股市的基礎上。」在巴菲特看來，市場本身的變化不再重要，市場反應是否足夠有效也不重要，股價波動導致的風險存在與否也不再重要，唯一重要的是企業經營的能力。「從短期來看，市場是一家投票計算器。但從長期看，它是一架稱重器。」因此，巴菲特說：「我對風險因素的理念毫不在乎，所謂的風險因素就是你不知道自己在幹什麼。」如同邱吉爾在第二次世界大戰時說：「無論戰爭進行得多麼糟糕，我都能睡好覺，因為我總能知道事情的真相。」

　　在中國古代，年輕的呂不韋曾經向他父親請教投資方向。他父親說，從事農業，獲利將會是投資的一倍；從事商業貿易，獲利將會是投資的十倍；而投資一個國家（即君主如嬴政），獲利將會是成百上千倍，當然風險也最大。類似《管子》的論點。呂不韋考慮再三，

挑選了報酬最大的比較虛無的政治投資項目，可惜，最終被嬴政賜死。

司馬遷曾經提出一個魚與熊掌可以得兼的理想辦法：「以末致財，用本守之」，就是說通過經商來發財、然後通過務農來守財，這樣就可以去弊留利。當時，人們對商業的理解主要指貿易，相對於土地來說，貿易自然顯得太虛無了。後來幾乎所有中國商人成功後，都會廣置良田，遵循的就是這樣的組合投資的戰略。

內部風險控制

《Casino》（台灣片名：賭國風雲）是勞伯迪尼諾和莎朗·史東在1995主演的電影。這是一部精彩的以賭城拉斯維加斯為背景的電影。影片中，勞伯迪尼諾扮演一個叫愛司（Ace）的職業賭場經理人。電影開始的時候，愛司以旁白方式介紹賭場的內部監控體系：

> 「在拉斯維加斯，每一個人都在監視別人。發牌的人時刻監視著賭客，小領班坐在場中間監視發牌手，樓層領班站在身後監視小領班，大堂領班監視樓層領班，當值領班監視大堂領班，賭場經理監視當值領班，我監視賭場經理。空中的眼睛監視我們所有人。」

鏡頭轉向樓上的電視監視室。同時在樓上還有一些人手持望遠

鏡在觀察。愛司的旁白音繼續：

「還有更厲害的，我們僱了十幾個人，這些傢伙都是些老千前
輩，對賭場中的所有騙術個個瞭如指掌。」

賭場中古老的內控體系在原理上與企業內部控制思想一樣。尤
其是在內部控制制度出現的初期，在20世紀40年代的美國，內部控
制就最先以一種「內部牽制制度」形式出現。它的出發點很簡單，就
是將一項由一個人做讓人不放心的業務，同時交給兩位或兩位以上的
人去實施，客觀上造成實施人之間一種相互牽制關係，從而預防可能
發生的差錯。最常見的牽制規則是管錢、管物、管帳分工負責，相互
制約。付款的人不能負責記帳，採購的人不能負責收貨，做銷售的不
可以自定信用額。到了ERP的訊息息時代，變成系統操作人員不可以
修改系統，修改系統的人不可以操作，以及不同等級的人被授予不同
的權限等等。這些方法是企業內部控制的硬辦法。

隨著商業的發展，內部控制的軟技巧也開始多起來，比如業績
評估獎懲、培訓、流程和制度，以及員工的行為規範等等。內部控制
開始從單純的財務審計問題轉化為企業內部管理問題，儘管在許多企
業控制長（controller）一職還是由財務擔任。

1992年，美國5家會計協會（注會協會、會計協會、內部會計師
協會、管理會計協會以及財務管理協會）組成了一個委員會叫COSO
（Committee of Sponsoring Organizations）。COSO委員會把內部控制系

統化，提出內部控制的三大目的，即取得經營效果和效率、確保財務報告的可靠性以及遵循適當的法律法規。

按照COSO的解釋，內部控制是一個過程，像西西弗斯推石頭一樣永遠沒有結束的那一天，有企業存在，就有內部控制。而且，內部控制不是一些人的事情，而是企業所有人的事情，企業的流程和制度制約每一個人，無論是好人還是壞人。對於上市公司來說，內部控制保證了投資者對財務報告的信心。因此，財務審計的核心實際上也就是內部控制。

COSO提出了著名的COSO模型，認為內部控制主要由控制環境、風險評估、控制活動、訊息交流、監督五項要素構成。

企業的控制環境包含了企業管理層的領導能力、組織結構、預算和內部報告體系、內部稽核、人事架構等。說到環境，中國人相信「水至清則無魚，人至察則無徒」，好處是處處有彈性和活力，不好處是弄不好就過了度導致污染環境，長期結果是魚蝦皆亡。

企業的風險評估是財務的敏感區域，風險管理以預防為主，通過增加、補充或規範各內部控制環節來規避可能面臨的風險。如果風險實在避不開時，就轉嫁風險，如購買保險、利用對沖和遠期合約等。

控制活動是確保管理階層指令得以實現的政策和程序。控制活動是針對關鍵控制點而制定的，因此，企業在制定控制活動時關鍵就是要尋找關鍵控制點，就像美國人愛說的一句俚語 "Where is the beef？"（牛肉在哪兒？）牛肉是漢堡裡最關鍵的部分，是吃漢堡人的關注點。生產性企業的採購作業交易數量通常都較大，而且存貨容

易因為廢棄、變質和偷竊等而發生損失，導致重大錯誤或舞弊的可能性也提高。因此，包括採購在內的物流體系是控制活動的關鍵。

中國國有企業內部控制制度最薄弱的環節一是貨幣資金，二就是採購業務。使用公開投標的方式可以幫助控制採購。軟銀的孫正義全額投資了一家日本公司，提供專業的第三方網上競價服務，使價格決定過程透明化，不受人為左右。這家公司在日本獲得了很大成功，正在試圖將其模式移至中國。

企業的內部監督是一種隨著時間的推移而評估制度執行質量的過程。監督的背後是有效的考核制度和激勵制度。

另外，還有訊息交流。這裡訊息不僅僅是指文書程序、會計記錄以及財務報告，還包括其他商業信息。這本是企業管理的基本要求，但是這幾年卻遇到前所未有的挑戰，最終導致了《SOX法案》的出現。

ChStory of SOX
十年之後的《薩班斯—奧克斯利法案》

COSO的內部控制模型在世界各地的企業界裡盛行了10年，直到2002年7月25日，美國《薩班斯—奧克斯利法案》（《2002年公眾公司會計改革和投資者保護法案》，英文是Sarbanes－Oxley Act，簡稱SOX）的公佈。

《SOX法案》的背景是2001年年底的安隆（Enron）公司倒閉案

以及2002年中的世界通訊會計醜聞事件，投資人對上市公司財務報告出現空前的信任危機。羅斯福總統簽署了1933年的《證券法》和1934年的《證券交易法》。布希總統稱他自己所簽署的《SOX法案》是自《證券法》和《證券交易法》以來美國資本市場最大幅度的變革。

《SOX法案》的內容分為兩部分：一是主要涉及對會計職業及公司行為的監管，包括建立一個獨立的「公眾公司會計監管委員會」，對上市公司審計進行監管；通過負責合夥人輪換制度以及諮詢與審計服務不兼容等提高審計的獨立性；對公司高管人員的行為進行限定以及改善公司治理結構等，以增進公司的報告責任；加強財務報告的披露；通過增加撥款和僱員等來提高SEC（證券交易委員會）的執法能力。二是提高對公司高管及白領犯罪的刑事責任，比如，規定銷毀審計檔案最高可判10年監禁、在聯邦調查及破產事件中銷毀檔案最高可判20年監禁；為強化公司高管層對財務報告的責任，要求公司高管對財務報告的真實性宣誓，並就提供不實財務報告分別設定了10年或20年的刑事責任。這與持槍搶劫的最高刑罰一樣了。

《SOX法案》雖然只針對美國上市公司，但是其影響力波及幾乎世界上所有大公司。因為它們也遇到類似的挑戰。《SOX法案》的核心是內部控制，體現在它的第404章。

《SOX法案》第404章要求公司的CEO和CFO們不僅要簽字擔保所在公司財務報告的真實性，還要保證公司擁有完善的內部控制系統，能夠及時發現並阻止公司欺詐及其他不當行為。若因不當行為而被要

求重編會計報表，則公司CEO與CFO應償還公司12個月內從公司收到的所有獎金、紅利或其他獎金性或權益性酬金以及通過買賣該公司證券而實現的收益。有更嚴重違規情節者，還將受嚴厲的刑事處罰。

中國在2008年頒布了《企業內部控制基本規範》，類似美國的《SOX法案》，由財政部會同證監會、審計署、銀監會、保監會制定的，從2009年7月1日實施，對象是中國的大中型上市企業。按照規範，中國境內的上市公司必須對其內部控制的有效性進行自我評價，並披露年度自我評價報告。以後中國會計師事務的審計報告也將包括內部控制的審計了。

Nick Nelson and China's Bian Que of 2000 years ago
尼克·李森事件和兩千年前的扁鵲

1999年，英國拍攝了一部電影叫《Rogue Trader》（台灣片名：A錢大玩家），影片中的交易員原型就是在1995年搞垮了英國霸菱銀行的年輕人尼克·李森。這是內部控制失敗的典型案例。

李森1989年加盟霸菱銀行，1992年被派往新加坡，成為霸菱銀行新加坡期貨公司總經理。霸菱銀行有一個帳號為「88888」的「錯誤帳號」，專門處理交易過程中因疏忽所造成的小錯誤。這原本是一個金融體系運作過程中正常的錯誤帳戶，但是由於內控的失職，這個小小的帳戶內竟被尼克·李森隱藏了5,000萬英鎊的損失。尼克·李森在獄中寫的自傳裡這樣說：「有一群人本來可以揭穿並阻止我的把

戲，但他們沒有這麼做。我不知道他們的疏忽與罪犯級的疏忽之間界限何在，也不清楚他們是否對我負有什麼責任。但如果是在任何其他一家銀行，我是不會有機會開始這項犯罪的。」

這讓我想起兩千年前扁鵲的故事。

魏文王問名醫扁鵲說：「你們家兄弟三人，都精於醫術，到底哪一位最好呢？」扁鵲答：「長兄最好，中兄次之，我最差。」文王再問：「那麼為什麼你最出名呢？」扁鵲答：「長兄治病，是治病於病情發作之前。由於一般人不知道他事先能剷除病因，所以他的名氣無法傳出去。中兄治病，是治病於病情初起時。一般人以為他只能治輕微的小病，所以他的名氣只及本鄉里。而我是治病於病情嚴重之時。一般人都看到我在經脈上穿針管放血、在皮膚上敷藥等大手術，所以以為我的醫術高明，名氣因此響遍全國。」

無論是COSO模型還是《SOX法案》，無論是拉斯維加斯賭場的人盯人戰術，還是曾經一度鬧得沸沸揚揚的中國政府審計風暴，防患於未然，是內部控制的真義。

"Accounting, just means balance."

「會計，
當而已矣！」

中國最偉大的人做過會計，

他說會計應該適當，

不要過激。

企業的發展也是這樣。

財務智慧存在於一系列矛盾的平衡關係裡。

The greedy Wall Street

貪婪的華爾街

「慌亂的人們左手拿著一隻電話，右肩和臉頰夾住另一隻電話，右手則用鉛筆在白紙上寫寫畫畫，眼前的彭博機（Bloomberg Machine）閃爍著綠色螢光，旁邊不斷傳來「做多」、「做空」和證券代碼以及罵人的聲音。」

這是電影《華爾街(Wall Street)》裡的場景。

「貪慾是世界上最美好的東西。」這是華爾街公司收購與兼併大亨格頓的格言。年輕的經紀人巴德極度崇拜著格頓，加入了他的公司，為格頓工作。巴德很快就學會了格頓殘忍、冷酷、血腥的作風，他漸漸背離了自己的道德標準。巴德的父親是一家小型航空公司的工會負責人。格頓通過巴德去蒙騙其父，結果將那家公司的所有股票全部併吞。

在紐約工作的時候，有時會經過現實中的華爾街，那是一條窄窄的小街，兩邊是金融機構，街的一頭通向河邊，另一頭正對著一個教堂。教堂屋頂上，黑沉沉的十字架無言地注視著在小街上行色匆匆的金融人士。

經濟學的邊際效用遞減原理說，當人飢餓吃漢堡的時候，第一個漢堡的效用最大，第二個漢堡的效用次之，依

■財務智慧的第一層是想通；第二層是保守；第三層是知道下一步做什麼；第四層就是平衡。凡事適可而行，「當而已矣」。

次遞減。人類滿足貪婪慾望的情形也是這樣的，即便是為了要得到同樣的滿足感，滿足慾望用的金錢數量要加倍增加才行。我們只有暫時的喜悅。當喜悅暗淡下去的時候，我們又要開始新一輪的追逐。這種追逐永無止境，看不到勝利的希望。

這是一個與吃有關的黑色幽默故事－－

有一個人遇到海難，被遺棄在一個荒島上，島上什麼可以吃的東西都沒有。島的四周全是險惡的礁巖，魚類絕跡。這人太餓了，沒有辦法，他把自己身上的衣服全吃了。挨過了幾天，他又餓了，他咬咬牙，開始吃自己身上的肌肉，先從四肢開始，然後是胸和背。這樣過了十幾天，他把自己身上的肌肉全吃完了。他還是餓，開始吃自己的內臟，心呀肝呀的，但是等到他吃到了一樣東西後，他一點兒也不餓了。望著自己骷髏一樣的身體，他懊悔不已，那最後吃下去的東西是他自己的胃。

如果任由貪婪的野心無限膨脹，就會如同這個患有飢餓狂的人，最後只有把自己的胃吃掉才能免於飢餓。

金聖歎是清朝的才子。有人問道：「幽谷空室之中，有金萬兩；露白菅葭之外，有美一人，試問君子動心否？」

金聖歎在宣紙上連書：「動，動，動……」總共39個動心，以示四十而不惑。

人到了一定年紀就不應該再受外界的誘惑了。

子曰：「會計，當而已矣」

　　孔子是個智慧的老人。孔子晚年時說自己的理想是，「暮春者，春服既成，冠者五六人，童子六七人，浴乎沂，風乎舞雩，詠而歸。」在明媚的春光裡，在沂水之上戲水，在風中起舞，唱著歌兒回家。恬淡怡然的快樂畫面。

　　兩千多年前，21歲的孔子到魯國貴族季氏家中做管帳目的「委吏」。孔子說：「會計，當而已矣。」這句話雖然很簡單，不過意義卻很深刻，孔子一說出口，影響便出去了，接下來，他的弟子把這句話記錄下來，一代一代往下傳，成為中國最早的會計名言。

　　孔子認為會計在禮帛約束之列，一切收支事項務必以禮制為準繩。當收則收，即不許少收，也不可超過規定的標準多收；當用則用，既不可因少用而違禮，亦不可違反財制規定的標準濫用無度。總之，在孔子的心目中，一切應力求適中、適當，適可而行，適可而止。

　　宋玉寫《登徒子好色賦》說：「天下之佳人，莫若楚國；楚國之麗者，莫若臣裡；臣裡之美者，莫若臣東家之子。東家之子，增之一分則太長，減之一分則太短；著粉則太白，施朱則太赤。」宋玉用佳人作比喻，描寫的是「當而已矣」的審美概念。

　　財務智慧的第一層是想通，透徹地思考；第二層是保守或叫審慎，這是財務的判斷力，也是財務人員的思維習慣；第三層是預見未

來，知道下一步做什麼；第四層就是平衡，不要過於貪婪，凡事適可而行，「當而已矣」。

The forest in Sweden
瑞典的森林

　　瑞典有很多森林，整個國家的國土有一多半被森林覆蓋。在漫漫長晝的夏季傍晚在瑞典的森林裡漫步，身處在古老罕有人跡的密林深處，風在樹葉間吹過，你會看見無數的灌木、喬木，還有很多草本和蕨類植物的種子在風中飛舞，生命包圍著你。你會感覺時間停滯，很多世俗讓人眼花撩亂的誘惑都已經不再有任何實質的意義。春華秋實，大自然似乎最希望的是維持平衡。

　　自然界檢驗一個物種成功的尺度，是看這個物種是否能延續下去。市場檢驗一個企業的成功標準實際上也不是發展速度，而是生存能力，看這個企業能否長久生存下來。企業的發展有一定的速度限制。如同人體細胞每天都在生長、衰退、死亡和再生，如果細胞的生長速度過慢，會導致組織萎縮，最終會被競爭所淘汰。如果速度過快，無法抑制，導致的卻是細胞異化，是癌細胞的生成。一味追求快速的短期效益是企業的致癌因素。博弈理論說，企業要使利潤最大化最有效辦法是通過與客戶及競爭對手合作，尋求次好而不是最好的方案，達到一種均衡。

　　兔子在任何時候速度都比烏龜快。但是，在寓言中，每次比賽

耐心的烏龜都能戰勝不耐煩的兔子。其實，兔子的致命缺陷不是驕傲，也不是輕敵。兔子的致命缺陷是需要休息。高速奔跑的動物都無法持久，這是自然的規律。比賽的路程越長，烏龜取勝的機率越大。如果這個路程設定得足夠長的話，兔子永遠會是輸的一方，因為它的壽命不如烏龜長。

> ■ 商業有自己的生長規律，跟機器不同，它需要的是長期培養，不是短期的修理。財務管理對過度行為和超常利潤都要謹慎。

經營企業不是百米衝刺，是馬拉松賽跑。在馬拉松的賽跑中，起跑的時候大家都在起跑線上，5公里以後開始出現先後次序，但最重要的也是決定比賽勝負的是最後5公里，而那時堅持下來的人已經不多了。世界上的好企業都是百年不衰的企業。如美國的通用電氣公司、可口可樂公司、吉列公司都有超過百年的歷史，歐洲幾代人經營的百年公司就更多了。

今天的社會在加速早熟，生長週期在快速縮短。青少年總是希望跟自己的同伴們不一樣，拚命擠入成人的行列，像人為催熟的早市水果，似乎只要比別人領先一步就會取勝，結果往往是所有青少年又都一樣了。成年人則在拚命擠入少數成功人的行列，不惜一切代價，只要成功得越早越好，40歲就退休快成了成功人的標竿。很多人忘了高速發展同時意味著的是加速折舊。

耕耘收穫是個自然法則，需要足夠的時間，不能著急。商業有自己的生長規律，跟機器不同，商業需要的是長期培養，不是短期的

修理。財務管理對於過度行為和超常利潤都要很謹慎。1970年名列
《財富》500強企業排行榜的公司，到了20世紀80年代有1／3消聲匿
跡了。殼牌公司曾對一些有著200多年悠久歷史的百年老店進行專門
研究，發現他們有一個共同特徵是能夠忍受較低的利潤空間。

　　快速增長的公司總是忙於制定更快的增長計劃，有時會忘了增
長並不等於發展。在快速增長的時候，如果不把利潤投在成長速度下
降時候可能需要的發展上，當公司的成長確實下降的時候，公司將不
再有可利用的資金和人力了。就像狄更斯所說，這是最好的時代也是
最糟的時代，當我們陶醉在最好時代的時候，一定要為最糟時代的出
現做好準備。

　　英格瑪·伯格曼是瑞典最偉大的導演。在他的《野草莓》裡，
時鐘沒有了指針，一個即將走完人生道路的垂暮老人撿起地上的鐵
環，在森林邊的山坡草地上跟跟蹌蹌地奔跑，他呵呵地笑著，像少年
一樣，童真和生命彷彿又回到了身上。

Chapter
15

做個具有財務智慧的人

這是一條漫長尋求智慧的路。

智慧如同大海一樣，

它從容恬淡，

生生不息，

綿綿不絕。

2007年，我以一個來自中國CFO的身份去英國倫敦參加一場座談會，與來自歐洲各國的CFO交流。我被邀請做一個專題的演講。當我站在講台上時，我突然發現在座的歐洲同行大多兩鬢斑白，他們不僅個個經驗豐富，中間不少人還做過總經理，甚至總裁，我突然覺得有些不自在。由於歷史的原因，中國當代的CFO存在巨大的人才斷層，結果我們年紀輕輕就被時代推到了舞台的最前沿。

我知道自己是幸運的，但是，同時我明白自己必須跟我的中國同仁一起在最短的時間內成熟起來。成熟不僅指專業技能，更指財務管理的智慧。

不想當將軍的士兵不是個好的士兵。不僅專業的財務人員需要具有財務的智慧，非財務的人員無論是經營還是投資甚或只是為了更好的生活也需要具有財務的智慧，需要像CFO一樣思考。

如何做個具有財務智慧的人呢？

From labor division to cross function
從專業到跨業

如同用智商來衡量人的智力水準一樣，有人用財商來衡量財務智慧。財商不僅包括會計知識，還包括投資融資、市場、銷售和法律等各方面。這就要求你必須從專業的習慣盒子裡走出來，瞭解其他領域的活動。

商業是個整體的行為，只加強部分的能力，並不能帶來商業的

必然成功。任何一家企業的成功不會是因為它只有某一個成功的部門。在企業內部，你會發現一個有趣的現象，往往兩個都很強大的部門配合總是不太好，因為不能或不肯換位思考，導致合力很弱。

　　財務不是財務部的財務，財務是企業的財務，是商業的財務，是每個人的財務。要具有財務智慧，就應該具備比較高的財商，關注外面的世界時應該通過廣角鏡而不是望遠鏡，這樣你才能觀察到你的行動是如何與其他部門人的活動相互聯繫的。

　　具備智慧的人不必知道所有問題的答案，但是必須知道組織內誰知道答案。

From detail oriented to strategy oriented

從數黑論黃到決勝千里

　　班超是我喜歡的歷史人物。班超是歷史學家班固的弟弟。他的父親希望他也成為記錄歷史的歷史學家。年輕的班超不願意皓首窮經，整日埋頭在故紙堆裡，有一天，把毛筆一扔，長歎道：「大丈夫安能久事筆研間乎？」然後就投筆從戎，西征匈奴，建功立業。班超喜歡冒險，在敵營中出奇制勝，「不入虎穴，焉得虎子」這句成語的典故就是從班超那兒來的。

　　班超作為歷史人物被歷史學家記錄在歷史書中了。我喜歡像這樣的財務人。

　　財務是實踐的智慧。財務報表只是提供商業的訊息，而這些訊

息如果不能轉化成知識和行動的話，我們只能是信息的奴隸。財務報表的目的是幫助我們看透問題，使我們能夠參與並引領戰略的制定和實施，而不是一味數黑論黃，執著於統計針尖上到底有多少天使在跳舞。

From sitting on the fence to seeking solution of balance
從騎牆到平衡

騎牆是沒有原則、喪失獨立的判斷力、隨時改變立場的機會主義者。在企業管理中，很多時候決策要面臨複雜的矛盾關係，比如是選擇集權管理還是分權管理？是收購兼併還是自然成長？是股權融資還是發債借款？是在景氣的時候大量僱人在蕭條的時候大量裁人還是走折中路線？矛盾無時無刻不縈繞在我們的周圍，如何才能在各種矛盾關係中尋找平衡點？

負擔越重，我們的生命越貼近大地，它就越真切實在。相反，當負擔完全缺失，人就變得比空氣還輕，就會飄起來，就會遠離大地和大地上的生命，人也就只是一個半真的存在，其運動也會變得自由而沒有意義。那麼，到底選擇什麼？是重還是輕？重與輕的對立是所有對立中最神秘、最模糊的。

—米蘭·昆德拉，《生命中不能承受之輕》

重與輕指的就是矛盾的對立面。財務智慧如同蹺蹺板的支點，在不停歇的運動過程中平衡互相矛盾的力量，在資源分配上適可而行，在平衡中尋求發展。

From conservative to proactive

從被動保守到主動積極

如何迎接未來不可知的風險，既要謹小慎微地謀劃，又要有無所畏懼的勇氣。不要憂心忡忡害怕未來的變化，要積極主動地迎接它，這樣變化反而不再那麼可怕。一個不好的消息，知道的越早，準備的越充分，傷害的程度越小。而具備財務知識和訓練的人一般能最早預感到危機的到來。

財務裡的保守應該是積極的。主動是人生的一種態度，它讓你遇到變化時提早一步做準備，能使你有機會掌握自己的命運，主動引領變革。

亞伯拉罕‧林肯曾講過一隻青蛙的故事－－

有一隻青蛙掉進了深深的、泥濘的車轍裡。兩天後，它還在那兒待著。它的朋友發現了它，於是催它趕緊擺脫困境。它稍稍嘗試了幾下，但是仍舊陷在車轍裡。接下來的幾天，它的朋友們繼續鼓勵它更加努力地試一試，沒有效果，它們不得不放棄了，回到它們的池塘裡。一天早上，朋友們驚訝地看到，這只青蛙正在池塘邊心滿意足地

曬著太陽。於是，它的朋友們問它：「你是怎麼出來的？」「噢，正如你們知道的，」這只青蛙說，「本來我沒法出來，但是有一輛馬車過來了，我不得不出來。」

越早願意改變，也就是在不得不改變之前進行改變，你的選擇餘地就越大。

From Me to King

從我到國王

每個人都很渺小，在企業裡似乎永遠有個老闆在自己的頭上，即便做到了CEO，還有董事會在監管著；即便做到了董事長，還有股東大會在上面，而股東大會成員裡很可能你的秘書就在其中。

但是我們每個人在自己各自的領域裡其實都是國王。國王不僅是決策者，而且是具有影響力的領導者。他的存在影響了其他人的行為方式甚至存在。在你的家庭裡，在小圈子裡，在某些你擅長的小王國裡，你跟國王的地位一樣。雖然沒有王冠加冕，但是在靈魂深處，在某些不被人注意的角落裡都零星散落著國王的獨立的精神，國王的影響力，國王的智慧和戰略，以及國王骨子裡的霸氣。

清晨，濃霧依然瀰漫在天地之間，一輛馬車正向遠處駛去。車上的小女孩問趕車的漢子：「爹爹，江湖在哪裡？我怎麼看不見？」趕車人說：「有人的地方就有恩怨，有恩怨就有江湖。人就是江

湖。」香港導演徐克在他的早期武俠片《刀》中這樣解釋江湖。江湖固然險惡，但是美也正在其中。

From being smart to being intelligent
從聰明到智慧

　　我在幾家跨國公司工作過，我遇到過不少很聰明的同事和CEO。但是，我發現有個比聰明的CEO還要聰明的東西，就是流程。好的流程是很多聰明人管理智慧的結果。企業的人員總在流動，但是流程保證了企業的長治久安。流程可以幫助制定好的遊戲規則，避開人治的陷阱。如同兩個小孩為分一個蘋果爭吵時，最好的解決方案是先切的人後分的流程。

　　從流程的角度來說，聰明是指熟練掌握如何進以及如何退的技巧，而智慧是知道在進退兩難時，既進又退。

　　魚相忘乎江湖，人相忘乎道術。智慧如同大海，雨大雨小或者乾旱都不會影響海平面的高度，只會影響小池塘的水位。大海的慾望是一種無慾望的慾望，它從容恬淡，生生不息，綿延不絕。

　　蘑菇單獨吃是蘑菇的味道，奶酪單獨吃是奶酪的味道。把蘑菇和奶酪一起嚼在嘴裡，變成了另外一種從來沒有過的味道——這就是烹飪的藝術。

　　一隻住在巴黎名叫雷米的小老鼠發現了這個常識性的秘密。雷米堅信著名廚師奧古斯汀·古斯特「人人皆可烹飪」（Anyone can cook）的理念，並且實踐了它。這是動畫片《料理鼠王》的故事。英文片名是Ratatouille，指的是雷米所做的那道普羅旺斯燜菜，正是這道普通的鄉下燜菜最終打動了挑剔且陰鬱的美食評論家，讓他回想起兒童時代的生活以及母愛的溫馨。美食評論家在吃完燜菜後寫道：

　　"Not everyone can become a great artist, but a great artist can come from anywhere."

　　「並不是所有人都能成為偉大的藝術家，但是偉大的藝術家可

以來自任何地方。」

這一道理可以適用很多地方。財務也是這樣。我一直堅信「人人皆可財務」（Anyone can finance）。從財務中同樣可以提煉出智慧和藝術。

但是，財務的專業性和枯燥阻擋了很多人的興趣。財務人員謹小慎微的保守性格也讓許多熱愛生活的非財務人員望而卻步。

要改變這種困境，就必須跨越自己固守的疆界，要像達利刀下的牛頓一樣打開自己的心胸，這樣才能發現真理。這就是這本書的目的。

財務的知識和智慧從本質上來自於實踐。人人皆可實踐，人人也皆可財務。

股票超入門系列叢書

電話郵購任選二本，即享85折
買越多本折扣越多，歡迎洽詢

大批訂購另有折扣，歡迎來電‧‧‧‧‧‧‧‧‧‧

投資經典系列叢書

作手

定價：420元
作者：壽江
中國最具思潮震撼力
的金融操盤家

「踏進投機之門十餘載的心歷路程，
實戰期貨市場全記錄，描繪出投機者
臨場時的心性修養、取捨拿捏的空靈
境界。」

幽靈的禮物

定價：420元
作者：亞瑟‧辛普森
美國期貨大師
「交易圈中的幽靈」

「交易是失敗者的遊戲，最好的輸家
會成為最終的贏家。接受這份禮物，
你的投資事業將重新開始，並走向令
你無法想像的坦途。」

巴菲特股票投資策略

定價：380元
作者：劉建位
經濟學博士
本書二年銷售16萬冊

儘管巴菲特經常談論投資理念，卻從
不透露操作細節，本書總結巴菲特
40年經驗，透過歸納分析與實際應
用印證，帶領讀者進入股神最神秘、
邏輯最一貫的技術操作核心。

【訂購資訊】   http://www.book2000.com.tw

郵局劃撥：帳號/19329140 戶名/恆兆文化有限公司
ATM匯款：銀行/合作金庫(代碼006)/三興分行/1405-717-327091
貨到付款：請來電洽詢 ☎ TEL 02-27369882 📠 FAX 02-27338407

● 國家圖書館出版品預行編目資料

財務是個真實的謊言 ／ 鍾文慶著；
——臺北市：
恆兆文化， 2011「民100」
272面； 14.8X21.0 公分
ISBN 978-986-6489-24-2 （平裝）
495.47 100006039

財務是個真實的謊言

出 版 所　　　恆兆文化有限公司
　　　　　　　Heng Zhao Culture Co.LTD
　　　　　　　www.book2000.com.tw
發 行 人　　　張正
總 編 輯　　　鄭花束

作 　 者　　　鍾文慶
封面設計　　　秦宗慧
責任編輯　　　文喜
電 　 話　　　+886.2.27369882
傳 　 真　　　+886.2.27338407
地 　 址　　　台北市吳興街118巷25弄2號2樓
　　　　　　　110,2F,NO.2,ALLEY.25,LANE.118,WuXing St.,
　　　　　　　XinYi District,taipei,R.O.China
出版日期　　　2011年4月初版一刷
I S B N　　　978-986-6489-24-2 （平裝）
訂購專線　　　02.27369882 客服部
定 　 價　　　299元
總 經 銷　　　農學社股份有限公司　電話 +886.2.29178022